环境会计理论与制度构建

黄影秋　著

吉林科学技术出版社

图书在版编目（CIP）数据

环境会计理论与制度构建 / 黄影秋著. -- 长春 : 吉林科学技术出版社， 2021.6
ISBN 978-7-5578-8245-7

Ⅰ. ①环… Ⅱ. ①黄… Ⅲ. ①环境会计—研究 Ⅳ. ① X196

中国版本图书馆CIP 数据核字(2021) 第 119109

环境会计理论与制度构建

HUANJING KUAIJI LILUN YU ZHIDU GOUJIAN

著　黄影秋
出 版 社　宛　霞
责任编辑　端金香
封面设计　长沙文修远文化发展有限公司
制　　版　长沙文修远文化发展有限公司
幅面尺寸　170mm×240mm　1/16
字　　数　220 千字
印　　张　13.75
印　　数　1-1500 册
版　　次　2021 年 6 月第 1 版
印　　次　2022 年 1 月第 2 次印刷

出　　版　吉林科学技术出版社
发　　行　吉林科学技术出版社
地　　址　长春市净月区福祉大路 5788 号
邮　　编　130118
发行部电话/传真　0431-81629529　81629530　81629531
81629532　81629533　81629534
储运部电话　0431-86059116
编辑部电话　0431-81629518
印　　刷　保定市铭泰达印刷有限公司

书　　号　ISBN 978-7-5578-8245-7
定　　价　55.00 元

前言

随着经济的发展，环境问题日益突出，已经成为了一个全球性的问题。据统计，环境污染的80%是由企业的生产经营活动造成的。这固然与企业的素质和传统的企业会计制度有着密切的联系。传统会计只对资源收入进行核算，不考虑资源的成本问题，缺少对环境资源和环境责任的确认和计量，导致与企业环境事项相关的会计信息得不到有效的披露，不利于环境的保护和企业自身的长远发展。因此，立足环境问题的现状，将环境信息纳入企业会计核算的范围之内，对于促进企业对环境和自然资源的重视，促进我国的可持续发展有着十分重要的意义。

然而，我国对环境会计制度的研究起步较晚，还处于初级阶段，落后于西方发达国家。环境会计理论的完整体系还未形成，环境会计实务也不够成熟，需要继续进行深入的探讨和研究。本书就是在这一背景下，为了更好地实现可持续发展，规范企业的环境行为，特此撰写了该书，希望能够使企业肩负起自己的社会责任，保护环境，实现经济的持续、长远发展。

全书共分为八个章节：第一章节为绪论，阐述了环境会计的形成、发展，以及环境会计建立的必要性；第二章节介绍了环境会计建立的理论基础，包括环境价值理论、可持续发展理论、稀缺理论、外部影响理论和生态伦理；第三章节则对环境会计的一些基本知识进行了简要介绍，包括环境会计制度构建的动因、确认与内容；第四章介绍和分析了环境成本核算与环境负债核算；第五章介绍了企业环境会计与环境管理信息系统；第六章则重点简述了环境资产核算与环境收益核算；第七章针对环境会计信息披露进行了深入的研究和分析；第八章对企业环境会计的评价方法问题进行了介绍，包括环境保护效益审计及其评价，以及低碳经济下环境会计的评价方法和体系构建问题等。

总体说来，本书内容丰富、层次清晰、通俗易懂，在深入浅出论述相关理论的同时，还十分注重与实践应用的紧密结合，集科学性、学术性、前沿性与实用性于一体。其对我国环境会计理论与制度建设具有一定的理论指导和实践应用参考价值！

本书在课题调研以及撰写过程中，得到了企业界以及许多同行的大力支持和协助，参阅了大量的文献资料和国内外同行的研究成果，在此一并致谢。因水平有限，本书难免存在一些纰漏和不足，恳请各专家和同行的批评指正，以便在此基础上进行更深入的研究。

作 者

2021 年 3 月

目　录

第一章　绪论

第一节　环境问题与环境会计的形成与发展

一、环境问题

所谓环境问题就是指作为中心事物的人类与作为周围事物的环境之间的矛盾。工业革命尤其是20世纪以来，科学技术水平不断提高和发展，人们的生活领域逐渐扩大，而改造和征服自然的能力也随之增强，人们创造并获得了更多的物质财富，人类生活由此发生了翻天覆地的变化。然而，人们在创造物质财富的同时，却对自然环境和自然资源进行了过多的索取和破坏，造成了严重的环境污染和过度的资源消耗。就当前而言，环境问题主要包括以下几个方面：

1. 全球变暖

全球变暖，就是指全球平均地表气温升高。1981—1990年，全球平均气温明显上升，比100年前上升了0.48%。至2016，全球平均气温比第一次工业革命前高出1.1℃。专家预测，到2100年为止，全球气温估计将上升大约1.4～5.8℃(2.5～10.4℉)。这主要是由于近一个世纪以来人类对矿物燃料过度的开采和消耗造成的。煤和石油等矿物燃料燃烧会排放出大量的CO_2等多种温室气体，它会高度吸收地球反射出来的长波辐射，但是却对来自太阳辐射的短波却有高度的透过性，导致了全球气候变暖。全球变暖，其后果是严重的，它会造成全球降水量重新分配，导致冰川融化及海平面上升，给自然生态系统平衡造成极大破坏，同时还会威胁人类生存和居住。

2. 臭氧层破坏

臭氧层位于地球大气层近地面约 20 ~ 30km 的平流层里，它能够吸收紫外线，保护地球生命，使其免于来自紫外线辐射的伤害。然而，臭氧会与氧原子、氯或其他游离性物质反应而分解消失。人类生产和生活中会产生一些污染物，在经过紫外线照射后，这些污染物被激化并形成活性很强的原子，与臭氧结合之后大量地耗减臭氧，对臭氧层的破坏极大。而臭氧层的衰竭会严重危害人类健康，患白内障以及皮肤癌的人会因此增多，使农作物产量和质量逐渐下降，形成光化学烟雾以及破坏水生系统等等。

3. 酸雨

酸雨，是指由空气中氮氧化物（NOx）和二氧化硫（SO_2）等酸性污染物引起的 pH 值小于 5.6 的酸性降水。酸雨会引起水体和土壤酸化，破坏植被，威胁生物生存，同时还会不同程度地腐蚀文物古迹、城市建筑材料以及金属结构等等。此外，酸雨对人体的危害也是极大地，它会降低儿童的免疫能力，使支气管哮喘以及慢性咽炎患病率增加，也会相应增加老年人的眼部和呼吸道患病的概率。

4. 淡水资源危机

地球上水的总储蓄量为 13.9 亿 m^3，但是 97% 是无法饮用的咸海水，淡水只有 0.36 亿 m^3。并且其中除了那些人类无法利用的封存于极地冰川和其他深埋于地下深处的淡水外，仅有 23 万 m^3 的地面水可供人类直接饮用，大约占淡水总量的 0.36%。而尽管在如此缺水的情况下，浪费和污染水资源的现象却仍有发生。此外，由于淡水资源地区分布不均匀，有些地区水资源极度紧张，甚至是无水可用。目前，地球上缺水的国家和地区大概有 100 多个，其中有 28 个国家严重缺水，其中就包括中国。联合国预计，到 2025 年，世界上会有 1/2 的人口会生活在缺水的地区。淡水危机形势严峻，已经为人类生存带来了巨大的威胁和破坏。

5. 资源、能源短缺

目前，资源和能源短缺问题成为了大多数国家共同面临的难题。这主要是由于人类不合理开采、滥用能源以及能源利用率低而造成的。20 世纪 90 年代初，全世界消耗能源总数约 100 亿 t 标准煤，到 2000 年能源消耗量翻了一番。而从目前来看，水力、煤、石油以及核能的发展很难满足人类的这一急速增长的需求。即使人类也一直在尝试着新能源的研究和开发，但是突破并不大，情况也并没有得较大的扭转和改变，也无法有效缓解当前世界的能源供应紧张问题，这也极大地制约了经济的持续发展。

6. 森林锐减

森林是生态系统的重要组成部分之一，它是人类赖以生存的绿色家园。森林具有动物栖息地、氧气和二氧化碳供给、保持水土以及调节气候的重要作用。曾经我们生活的这片土地上森林覆盖达到 76 亿 km^2，而到 20 世纪时下降到了 55 亿 km^2，到 1976 年已经减少到 28 亿 km^2。现在，地球上的森林基本上以每年消失 4000km^2 的速度在减少，这主要是由于地球人口增长，耕地需求增大，木材以及牧场等需求量也在增加的原因，这些都会加大人类对森林的的砍伐，造成森林锐减。而森林的减少带来的危害也是显著而严峻的，它会导致水土流失、物种减少、二氧化碳吸收减少、导致温室效应等等。

7. 土地荒漠化

土地荒漠化，是指土地质量全面退化以及土地有效使用数量减少，而它最直接的后果就是导致沙漠化。荒漠化是人类诸多环境问题中最为严重的，目前来说，地球上沙漠及沙漠化土地已经占据了陆地面积的 29%。约有 2/3 的干旱以及半干旱地区都受到了来自荒漠化的威胁。荒漠化会带来严重的危害，据统计，全球每年大约有 900 万公顷牧区、600 万公顷农田失去生产力。此外，两河流域也由沃土变成了沙漠，这一人类文明的发祥地也埋藏在了层层沙土下。

8. 生物多样化锐减

生物多样性是指生命有机体及其借以存在的生态复合体的多样性和变异性。通常来说，物种的灭绝速度与生成速度应该是平衡的。而这种平衡现如今也被人类打破了，物种灭绝的速度加快。据有关专家推算和估计，每年灭绝的植物大约有数千种，并且这种灭绝速度还会不断提高，在之后的 20~30 年里，地球生物多样性总量的 25% 将濒临灭绝。而这直接导致的后果就是，生态平衡破坏，生态系统的生产力降低，人类食物减少，对疾病的斗争能力也降低，等等。

9. 垃圾成灾

目前，全球每年大约会产生近 100 亿 t 的垃圾，而垃圾处理却远远比不上垃圾产生的速度，因此就导致了垃圾泛滥成灾。垃圾主要包括三大类，即危险垃圾、城市垃圾以及工业固体废弃物。其中危险垃圾的处理问题是各个国家都较为困扰的，因为其中有害、有毒的垃圾的危害性较大，且影响深远，破坏能力较之其他垃圾远远要大。而我国的垃圾产生和排放量也是巨大的，大约有 2/3 的城市处在垃圾包围之中。大量的垃圾不仅会污染水源、土壤和大气，传播和诱发疾病，同时还会大量占用土地。

环境污染不仅制约经济发展，同时还威胁到了人类生存，成为一个全球性的问题。在这种背景下，越来越多的人开始真正认识到环境破坏的严重性，也开始反思如何在不损害环境的前提下实现工业发展以及社会进步。对此，1972 年 6 月，联合国在瑞典首都斯德哥尔摩召开了首次全球人类环境会议，呼吁“只有一个地球，为了生存，人们都必须明确自己保护环境的责任”。会议后，工业发达国家开始了认真治理，而更多国家也开始为保护环境行动起来。

二、环境会计的产生与发展

在全面刮起的“绿色思潮”下，许多学科也受到了影响，纷纷向环境领域渗透，由此出现了一系列的交叉性质的学科，比如“环境管理学”“环境法学”“环境经济学”等等。而环境会计就是在这一自然环境破坏、生态环境恶化、全球性资源短缺、经济发展的物质基础受到威胁的背景下，人们在分析了传统会计局限性的基础上提出的。

20 世纪 70 年代，环境会计正式产生。1971 年比蒙斯（F.A.Beams）的《控制污染的社会成本转换研究》和 1973 年马林（J.T.Marlin）的《污染的会计问题》正式揭开了环境会计研究的序幕。

环境会计研究首先是从环境信息披露的研究开始的。就目前来说，许多国家都已经将环境因素的影响纳入会计核算的范围。对于环境会计方面的研究，美国、英国、加拿大等国家成就较为突出，公司的年度报告中要求一定的环境信息。

目前，我国的环境会计发展并不成熟，仍处于起步阶段。目前财政部门发布的财务制度、行业会计制度、会计准则、财务通则以及中国证监会发布的公开发行股票公司执业的信息披露规则和准则，是指导企业会计和报告实务的主要法规，而这中间并对环境问题并没有具体的涉及和规定。但这也不能说明我国没有环境问题以及国家没有就环境问题展开管理和控制。改革开放以来，我国经济得到迅速发展，随之而来的就是严峻的环境问题，国家政府也对其予以了足够重视。1979 年 9 月，我国颁布了《中国人民共和国环境保护法(试行)》。1983 年，第二次全国环境保护会议上，环境保护明确成为了我国的一项基本国策。之后，又随之颁布了《中华人民共和国环境保护法》、《中华人民共和国水污染防治法》、资源管理法、《中华人民共和国森林法》、《中华人民共和国环境保护法》、防止污染法和《中华人民共和国矿产资源法》等一系列的法律法规。这些法规有效地督促和制约了企业的生产经营活动，使企业自觉计量环境影响的后果，这也促进了环境会计的发展。

当前,环境问题日益严峻,环境保护的呼声在世界各个角落响起,美国、英国等国家的环境会计发展突飞猛进，与此同时，我国的会计理论界也纷纷展开了对环境会计问题的研究。到 2004 年 3 月为止，我国主要财会和经济管理期刊中涉及环境会计的文章大约有 300 多篇，主要集中在：①国外环境会计介绍；②我国环境会计建立的设想与建议；③环境会计建立必要性分析；④对环境会计的概念、对象与目标、要素、基本原则、基本假设、确认与计量、成本计算、信息披露等方面的研究。虽然我国在环境会计上有一定的发展，但是与国外的环境会计差距仍然较大。目前，我国还处在对环境会计的摸索阶段，还未形成一套完整的理论体系和实践模式，在理论与实践上都有欠缺。

目前，会计理论界正着手于环境会计的探讨和研究，与此同时，我国的政府会计管理机构以及会计职业团体也开始重视这一问题。2001 年 1 月，中国会计学会成立了“环境会计专业委员会”。2001 年 11 月 24 日，环境会计专业委员会在南京大学召开了环境会计学术研讨会。我国正为环境会计的发展不断努力和实践，相信在不久将会取得巨大的成就。

第二节 环境会计建立的必要性分析

一、我国环境资源现状的迫切要求

我国长期以来主要坚持粗放型的经济增长方式，片面追求经济的高速增长，忽视了对环境的保护。企业则单纯追求经济利润的最大化，忽视环境效益。

根据《2019年中国生态环境公报》，可以看出我国生态环境正在遭受不同程度的破坏。截止到2019年，我国大气、水质、空气等都遭受到不同程度污染。

（一）大气污染

截止到2019年，在全国337个地级及以上城市中，157个城市环境空气质量达标，占全部城市数的46.6%；180个城市环境空气质量超标，占53.4%。337个城市平均优良天数比例为82.0%，其中，16个城市优良天数比例为100%，199个城市优良天数比例在80%～100%之间，106个城市优良天数比例在50%～80%之间，16个城市优良天数比例低于50%；平均超标天数比例为18.0%。以PM2.5、O_3、PM10、NO_2和CO为首要污染物的超标天数分别占总超标天数的45.0%、41.7%、12.8%、0.7%和不足0.1%，未出现以SO_2为首要污染物的超标天。

337个城市累计发生严重污染452天，比2018年减少183天；重度污染1666天，比2018年增加88天。以PM2.5、PM10和O_3为首要污染物的天数分别占重度及以上污染天数的78.8%、19.8%和2.0%，未出现以SO_2、NO_2和CO为首要污染物的重度及以上污染。

PM2.5、PM10、O_3、SO_2、NO_2和CO浓度分别为36μg/m^3、63μg/m^3、148μg/m^3、11μg/m^3、27μg/m^{3}和1.4 mg/m^3；与2018年相比，PM10和SO_2浓度下降，O_3浓度上升，其他污染物浓度持平。

PM2.5、PM10、O_3、SO_2、NO_2和CO超标天数比例分别为8.5%、4.6%、7.6%、不足0.1%、0.6%和不足0.1%；与2018年相比，PM10和CO超标天数比例下降，SO_2和NO_2超标天数比例持平，PM2.5和O_3超标天数比例上升。

若不扣除沙尘影响，337个城市环境空气质量达标城市比例为42.7%，超标城市比例为57.3%; PM25平均浓度为37μg/m^3，与2018年持平；PM10平均浓度为67μg/m^3，比2018年下降4.3%。

（二）淡水污染

2019年，全国地表水监测的1931个水质断面(点位)中，Ⅰ～Ⅲ类水质断面(点位)占74.9%，比2018年上升3.9个百分点；劣Ⅴ类占3.4%，比 2018 年下降 3.3 个百分点。主要污染指标为化学需氧量、总磷和高锰酸盐指数。

2019 年，长江、黄河、珠江、松花江、淮河、海河、辽河七大流域和浙闽片河流、西北诸河、西南诸河监测的 1610 个水质断面中，Ⅰ～Ⅲ类水质断面占 79.1%，比 2018 年上升 4.8 个百分点；劣Ⅴ类占 3.0%，比 2018 年下降 3.9 个百分点。主要污染指标为化学需氧量、高锰酸盐指数和氨氮，如图 1–1 所示。

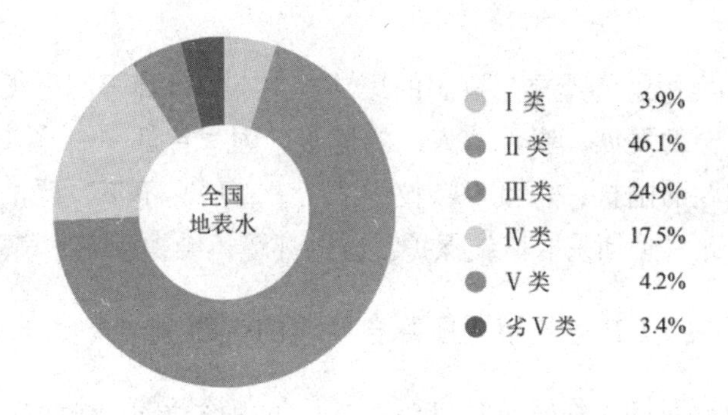

图 1–1 2019 年全国地表水总体水质状况

（三）土地污染

农用地土壤污染状况详查结果显示，全国农用地土壤环境状况总体稳定，影响农用地土壤环境质量的主要污染物是重金属，其中镉为首要污染物。

在我国的工业化过程中，资源能源消耗持续增长，工业污染排放日趋复杂，控制环境污染和生态退化的难度将加大。目前，我国的农业污染逐渐突出，成为继工业和城市点源污染之后的主要污染问题，大致已经占到了全部污染的 1/3。农业污染正在呈现来源扩大、复合交叉和时空延伸等新特征，而且对环境格局的扰动和生态系统的损害也在不断地加剧，总体态势非常严峻。

我国环境目前正面临大范围生态环境恶化和农业自身污染的双重威胁，比如多数农村畜禽养殖场都没有适当的处理粪便的设施，畜禽粪便既对农村的环境造成了污染，还造成了地下水污染和地表水的富营养化。当前，我国的土地荒漠化现象也很严重，水土流失面积高达国土面积的 1/3

以上，每年滞留在农村地区的农膜等塑料残余物约有1000万吨，土壤污染面积占总耕地面积的1/6。同时，我国已经成为世界上化肥、农药、农膜等用量最大和秸秆、饲料、畜禽粪便等产出最多的国家，农业自身污染的风险很大，而且随着现代科技的进步，农用激素类、不合理焚烧产生的二噁英类等新的污染将逐步显现。还必须引起注意的有，农田污染和地力衰退等生态变化具有潜伏性、隐蔽性、长期性和恢复难度大等特点，如果任由其发展，从长远看都会对农业生态系统造成影响，甚至可能通过食物链危及人畜健康。农业污染的严重性从侧面反映出当前环境管理工作的不足。

我国环境污染的严重、资源的短缺、生态的破坏等问题无不影响着国家经济和社会的发展，影响着人们的健康。国家首都——北京地区也一直深受环境问题的困扰，可吸入颗粒物浓度一直居高不下，严重影响了人们的生活。为此，必须采取措施保护我国的环境，维护生态平衡。

二、解决GDP增长模式所隐含问题的需要

作为政府对国家经济运行进行宏观计量与诊断的一个重要指标，国内生产总值(GDP)是衡量一个国家经济社会发展的重要标准。在传统的经济核算体系中，由于未将环境资源的消耗和补偿列入费用支出，却将产生环境污染、高环境成本的经济活动的收益列入收入，因此实际上将环境污染视作对经济的贡献，从而使GDP失真，国家财富虚增，经济福利被夸大。例如淮河流域曾有1500多家小造纸厂，当地政府就将其产值视为成就，列入国内生产总值；但是，这些小造纸厂严重污染了当地的环境，这一问题最终还需要政府来解决。如此一般，一个国家或地区的GDP增长越快，自然资源消耗就越多，污染就越严重。由此可见，传统意义上的GDP增长模式之中隐含着深层次的问题，已经与我国提倡的可持续发展战略的要求不相适应。

“传统GDP”增长模式所隐含的问题以及由此产生的误导对我国国民经济是一个巨大的隐患，不仅会造成环境效益和社会效益的下降，对经济效益的未来可实现性也存在不利影响。中国在过去的20多年中是世界上经济增长最快的国家之一，但据相关研究表明，依靠资源和生态环境的透支获得的发展至少占中国经济增长的GDP的18%。据1997年世界银行统计，仅中国每年空气和水污染造成的经济损失就高达540亿美元，相当于

GDP 的 6%。初步估算，将所有污染对经济造成的损失汇总起来，我国每年造成的损失相当 GDP 的 7%左右，正好与我国近些年的经济增长速度相接近。针对“传统 GDP”存在的问题，目前国内外都在努力探索能够真正反映符合可持续发展目标的国民经济核算体系，又称为“绿色核算体系”。这一体系的建立对环境会计存在一定程度的依赖，因为环境会计可以提供企业生产经营中环境资源的消耗、高环境成本的经济活动收入等信息。有了环境会计，对“传统 GDP”计量中所包含的虚数部分就能进行较为准确地估计，对国民生产总值的计算也能更为准确。根据联合国统计署的统计方案，在国民生产总值中应该扣除的虚数部分(即环境成本)包括以下五个方面：①在联合国国民会计体系中作为最终费用的政府和住户支出的环境保护费用；②环境对于健康和人力资本的影响；③住户和政府消费活动引起的环境费用支出；④废弃商品造成环境的破坏；⑤其他国家的生产活动对本国环境的影响。由此可以看出，环境会计能为我国充分而又准确的认识“传统 GDP”增长模式的不足提供信息来源，克服“传统 GDP”增长模式的不足。

三、企业自身发展的需要

(一)企业客观存在环境活动和环境管理

任何企业的生产经营都是在一定的环境中进行的，企业平时会发生大量的环境活动，这就需要进行环境管理。而环境会计信息系统是企业环境管理中许多具体工作的基础和保障，所以，环境会计的建立十分必要。

这次环境保护和环境会计调查结果显示，政府监管部门的要求是企业编制环境报告的主要原因。可见，国家的环境保护法律、法规、制度及其他宏观调控手段对企业所产生的环境要求是目前企业进行环境保护的最根本原因。可以说，没有环境保护法规、没有环境管理制度，就没有真正意义上的环境会计。

经过 20 多年的探索，具有中国特色的环境管理八项制度已经在我国确立了，这八项制度是企业进行环境保护和环境管理的指南，它们构成了我国环境保护管理工作的基本框架。

1. 环境保护目标责任制

环境保护目标责任制，是以签订责任书为形式，由各级地方政府和有污染的单位对环境质量进行负责、具体落实的行政管理制度。这一制度明确了不同级别的政府部门和企业环境保护的主要责任及责任范围，从而使保护环境、改善环境质量的任务能够得到层层落实。这是我国环境保护体制的一项重大改革。

2. 城市环境综合整治定量考核

城市环境综合整治，就是把城市环境作为一个系统，运用系统工程的理论和方法，对城市环境进行综合规划、综合管理、综合控制，进而以最小的投入，换取城市环境质量的优化。城市环境综合定量考核，是对我国近年来在开展城市环境综合整治实践过程中的经验总结，它不仅定量、规范了城市环境综合整治的工作，而且还引进了社会监督机制，透明度增强。

3. 污染集中控制

污染集中控制是在一个特定的范围内，为保护环境所建立的集中治理设施和管理措施。污染集中控制能够充分发挥规模效应的作用，进而以最小的代价获得最佳的效果。

4. 限期治理制度

对污染危害严重，群众反映强烈的污染区域采取的限定治理时间、治理内容及治理效果的强制性行政措施，即为限期治理制度。

5. 排污收费制度

排污收费制度，是指一切向环境排放污染物的单位和个体生产经营者，按照国家的规定和标准，缴纳一定费用的制度。这项制度在经济手段的作用下不仅对污染物的治理和新技术的发展起到了促进作用，同时又能使污染者承担一定污染防治费用。这些费用纳入预算内，作为环境保护补助资金，按专款资金管理，由环境保护部门会同财政部门统筹安排使用。

6. 环境影响评价制度

环境影响评价，也称环境质量预断评价，是指对可能影响环境的重大工程建设、规划或其他开发建设活动，事先进行调查，预测和评估，为防止和养活环境损害而制定的最佳方案。这项制度主要是预防，通过对建设项目同时进行经济和环境影响评价，使可能产生的环境问题得到科学地分析，进而提出防治措施。

7. “三同时”制度

“三同时”制度是新建、改建、扩建项目技术改造项目以及区域性开发建设项目的污染防治设施，必须与主体工程同时设计、同时施工、同时投产的制度。“三同时”制度对于防止新的环境污染和生态破坏的产生发挥着有利的作用。它与环境影响评价制度相结合，把环境保护措施落到实处，防止建设项目建成投产使用后产生环境问题。

8. 排污申报登记与排污许可证制度

排污申报登记制度，是指凡是向环境排放污染物的单位，必须向环境保护行政主管部门申报登记所拥有的排污设施、污染物处理设施及正常作业情况下排污的种类、数量和浓度的行政管理制度。排污许可证制度，是以污染总量控制为基础，对排污单位许可排放污染物的种类，数量、浓度、方式进行严格规定的环境管理制度。排污申报登记是实行排污许可证制度的基础。

执行上述八项环境管理制度时，需要以环境会计核算所提供的信息为基础。

（二）企业内部管理的需要

就企业内部管理方面而言，环境会计可以使企业管理者更准确地掌握企业的财务状况和经营成果，做出更科学的决策。正确核算经营成果，准确分析财务风险，有利于管理者对企业进行有效管理。而企业与环境有关的活动在相当大的程度上会改变企业的经营成果和财务风险，因此环境报告就成了企业管理者进行决策分析必不可少的依据。以下几方面是其具体体现：

1. 确认环境因素对会计报表各项目的影响

(1) 资产负债表项目

就资产而言，企业生产造成的环境污染有可能对资产造成损害，使资产的市场价值低于其账面价值。例如企业不符合环保要求的机器、工艺等有可能被禁用，此时，机器设备、工艺等的市场价值就会大大降低，因环境因素的影响其账面价值将无法真实地反映企业的资产情况。对于负债来说，如果企业的生产经营对环境造成了损害，按照“谁污染，谁付费”的原则，企业终将为此承担责任，从而形成确定性负债。

(2) 利润表项目

通过对环境问题的调查可知，排污费、绿化费支出，原有设备环保改造支出，新投资项目的环保设施支出，对职工特殊工种的环境补贴、赔款等是由环境问题而导致的主要支出。对于收入项目来说，环境成本的降低可能给企业带来一部分相对收益，由于环境成本降低而由国家给予的补贴、税收优惠等也能给企业带来收益。

2. 获取完整的产品成本信息

获取完整的产品成本信息，更准确地进行成本定位和产品定价，从而促使企业在生产过程中采用更有利于环境的工艺和设备，进而促进环保产品的生产。

在现有产品成本的核算中，企业很少考虑环境问题带来的影响。调查显示，对于产品生产过程中所发生的环境支出，大部分企业都是作为费用予以列支。这一做法虽然便于操作，但也存在一定的缺陷。在现有的企业成本计算中并未把各种产品的污染与相应的清理费用予以成本化记入产品的成本，也没有将消耗自然资源成本计入产品成本。所以，根据现行产品成本计算内容所计算的产品成本无法对产品的全部耗费情况进行真实的反映，产品成本信息也就不具完整性。根据这样的成本资料进行成本定位和产品定价，非常容易造成生产经营决策的失误。因此企业管理者需要财务部门进行环境会计的核算来获取完整的产品成本信息，以实现生产经营决策的优化及环保化。

另外，员工作为企业内部的一部分，其自身利益与企业利益密切相关，而且企业环保方面的不足将对他们的人身健康产生直接影响。企业员工为了保护自己的利益，也会关注企业的环境信息。

（三）满足企业外部有关各方对环境信息的需要

随着环境问题的日益突出与社会各方面环保意识的增强，企业财务状况和经营成果越来越受到环境因素的影响。会计信息使用者迫切需要企业提供有关的环境信息，以便做出正确的决策。因此会计信息是否对环境的影响进行了合理的反映，已经成了会计信息使用者共同关注的重点之一。

调查显示，环境会计信息的使用者主要包括以下三类：

1. 政府管理机关

政府管理机关是环境会计信息的主要使用者，他们需要以企业的环境报告为基础来就企业对环境的污染和在环保方面的成绩进行评价。具体而言，国家的环保部门为了监测企业生产对环境的影响，保证相关环境法律、法规的执行，就必然要了解企业的环境信息。而且，环保部门为了确保法规的可行性，在修改或出台环境法规之前也要参考相关的环境资源和企业环境财务信息。例如国家税收部门为了保护环境而征收的环境税就必须以企业的环境信息为基础。

2. 投资者

企业的利益关系到投资者和债权人的利益，企业的风险也是他们的风险。考虑到资金的安全性和收益性，他们不希望被投资企业存在过高的环境方面的风险。因此他们希望从环境会计的核算和披露中得到影响企业财务状况和经营成果的环境信息，从而对这种风险做出评价。同时，随着人们环境意识的不断提高，投资者开始接受绿色投资的观念，尤其欣赏那些具有良好的环境观念并主动承担环境责任的企业，也更加看好这些企业的发展前景。因此作为企业就应该主动向投资人披露影响环境方面的信息。

3. 新闻媒体和民间环保组织

随着生活水平的提高，生活的环境越来越受到社会公众的关注。新闻媒体为迎合大众需求，不断通过多种方式将企业的环境问题和环境形象公诸于众。民间的环保组织更加关注环境问题，为促进环境的改善和治理也采取了多种方法。因此这两个群体特别关注企业的环境信息，他们的宣传对企业在公众中的形象产生了一定程度的影响作用，甚至是决定作用，而且还影响了消费者的购买倾向，决定了企业的成败。

（四）增强企业适应国际竞争力的需要

1994 年，关贸总协定 (GATT) 乌拉圭回合谈判成功；1995 年，世界贸易组织成立了贸易与环境委员会，之后缩小了传统的关税壁垒和非关税壁垒活动的空间，环境壁垒开始正式登上国际贸易舞台。环境壁垒又称绿色壁垒，是指进口国以可持续发展，保护生态环境、自然资源、人类和动植物的健康为理由和目标，制定严格的强制性技术标准，限制进口发展中国家产品的措施。

环境壁垒的设置，对我国企业产品在走向世界市场的过程中造成了种种限制。近年来，因环境壁垒对我国外贸出口的影响相当于当年出口总额的 20%左右，高达几百亿元。我国受到国外贸易环境壁垒挑战的产品很多，包括茶叶、有机化工产品、纺织品、皮革制品、空调冰箱等一系列出口产品。如中国茶叶由于农药和重金属残留超标，导致中国对欧洲茶叶出口在过去两年下降了 37%。如若不采取有力措施，中国茶叶将被迫退出欧盟市场。

面对来自国际市场的强大环境压力，我国企业必须采取措施，转变观念，更新技术，建立环境会计核算，加强环境管理，否则必将陷入“道义上被动，经济上吃亏”的困境。

近年来，随着人们环保意识的不断提高，自身生存的环境和身体健康越来越受到人类的关注，绿色消费主义也随之悄然兴起。进口商和消费者都更愿意购买无污染或低污染的“绿色商品”。因此在产品的竞争中，企业的环保形象成了影响购买者购买的因素之一。而建立环境会计，将环境因素纳入会计核算范围，就必然要求企业进行必要的工艺技术改造，努力生产“绿色商品”，积极争取获得国际标准化组织颁布的ISO14001标准，使产品的竞争力提高，从而在国际贸易中获得胜利。

（五）遵守环境法规、适应环境规划的客观需要

为了保护环境，各国纷纷制定了大量的经济政策和环境法规，如我国政府先后制订了水污染保护法、大气污染保护法、环境保护法等。这些政策、法规对企业经济活动引起的环境问题产生了重大的刺激，并直接影响着企业的财务成果、经营活动。而且，实践证明，在一定的历史时期内这种影响将越来越大。如美国规定，凡采用环保局规定的先进工艺，在建成后五年内不征收财产税；芬兰则针对某些污染性产品征收特别税。各国的环境法规直接明确了企业的环保责任及违反的法律责任，通常情况下，这些责任会严重影响企业的财务状况。这就在客观上对企业进行环境信息披露和控制提出了要求。

四、我国对外开放的需要

（一）与国际会计接轨的需要

随着环境污染现象的不断加剧，环境问题越来越受到人们的关注。许多发达国家已开始要求企业反映企业生产对环境的影响，将环境因素纳入会计核算的范围。美国证券委员会(SEC)要求公开发行股票的公司要揭示公司所有关于环境负债的信息；加拿大特许会计师协会建议企业在现有的财务报告框架内披露环境影响的信息，对当期确认环境成本时采取的处理方式进行了说明，而且还详细说明了未来环境支出确认为负债的时间问题；英国政府环境部颁布了一份适用于所有企业的文件《环境报告与财务部门：

走向良好实务》，规范英国公司编制和披露环境信息；在日本，环境报告书的模式、内容、准则完善、资料汇编及环境业绩评价指标等都有了指南；澳大利亚统计局(ABS)按照财富计量要求将自然资源纳入了国家资产负债表；在荷兰，综合应税收益中扣除了所有与环境保护措施有关的费用；挪威政府则要求公司必须把企业对环境造成的影响以及企业采取的措施在其年度报告中进行披露；在巴西，建议企业把有关环境保护的投资包含在董事会报告中，如果企业因某一无法解决的环境问题使其持续经营受到影响，企业应该将其列为负债；等等。

随着我国加入 WTO，许多的外资企业将会到我国投资，同时我国到国外投资的企业也会逐渐增多。为了使企业披露的会计信息相互更具有可比性，我国的会计就必须要赶上时代的步伐，建立环境会计，进一步与国际会计接轨，以适应国际经济一体化带来的国际会计一体化。

（二）防止和控制发达国家把污染工业投向我国的需要

随着人类活动对环境破坏的不断加剧，环境问题得到了世界各国的大力关注。当前，西方发达的国家都已经采取了一系列严格的环境保护措施，限制危害环境的产业与企业。于是许多发达国家的企业(特别是跨国公司)不断把那些污染严重和破坏掠夺自然资源的生产项目搬到发展中国家，利用他们对环境问题的忽视以及发展经济的迫切要求来获取经济利益，对发展中国家进行“环境剥削”。概括来说，国外高“环境成本”企业与产业向我国转移的动机主要有以下三点：一是为了降低成本。因为发展中国家的工业化时间较晚，在环境问题的认识和治理方面滞后于发达国家，高污染成本的企业为了节约在国内转换生产所花费的高成本，就把生产转移到了发展中国家。二是为了减轻由社会公众方面带来的压力，避免企业的形象遭受损害。在发达国家，民众的环保意识很高，如果那些环境污染严重的企业想要继续生产，就必须要承受巨大的压力。三是为了避开政府对他们的限制。

所以，我国作为发展中国家，就必须建立环境会计，以便对这些进入我国的高“环境成本”企业与产业进行识别。同时，政府可以依据环境会计提供的信息，采取必要的措施，如征收较高的排污费用和税收、减少对其优惠等，从而使国外高“环境成本”企业与产业向我国转移的现象得到有效遏制。

第三节 环境会计建立的可行性分析

虽然我国目前还未建立环境会计核算体系，但无论就外部环境和内部环境而言，企业环境会计的建立都具有一定的可行性。

一、从建立环境会计的外部环境分析

（一）保护环境已被大众广泛接受

人们赖以生存的基础就是自然环境，它是人们共同的财产。这些财产，有的没有替代性，损耗后不可能再生，如石油、煤炭等；有的有替代性，损耗以后，可通过一定的方式再生，如空气、水等。但是这种再生也是在环境资源能承载的范围内才可能实现。因此，面临这些环境问题必须采取措施进行环境保护，实施对资源的合理开发，维护生态平衡。对于这一点，人们已经达成了共识。而且随着经济的发展和社会生活的现代化，人们的环保意识有了很大的增强。那种为了寻求经济的发展而不惜以破坏生态环境为代价的“先发展后治理”的观点受到越来越多的批评，为更多人们所认同的发展模式是经济和环境的协调发展。通过对“环境管理和环境观念”问题的调查，环境保护和环境管理已经被大众所广泛接受，人们普遍认为环境会计的建立很有必要，从而更好地进行环境管理，保护自然环境和生态平衡，实现人类的可持续发展。现在人们不但关心“人类现在拥有什么”，更关心“人类能为子孙后代留下什么”，希望结束“正在靠向未来借债而生活”的时代。保护环境，实现可持续发展的观念已经深入人心，而且在人们的日常生活就有着很好的体现。例如，人们越来越崇尚“绿色产品”，注重“绿色消费”。

（二）环境保护的政策要求

与西方国家相比，虽然我国的环境保护起步较晚，但取得的成就也很突出。早在1983年，我国召开的第二次全国环境保护会议上，环境保护就被列为我国的一项基本国策，从而确立了环境保护在我国建设中的重要

地位。经过20多年的发展，目前我国政府已经制定和实施了一系列关于防治环境污染、保护自然资源的法律法规，如《中华人民共和国环境保护法》、中华人民共和国水污染防治法、资源管理法、森林法、环境保护法、防止污染法和《中华人民共和国矿产资源法》等。在环境保护的过程中逐步确立了“预防为主，防治结合”“谁开发，谁养护；谁污染，谁治理”和“强化环境管理”的三大政策，而且还形成了以八项制度为基本内容的环境管理体系。随着近年来我国环保工作的逐渐完善，我国的环境工作又从侧重于污染物产生后达标排放的“末端”治理逐步向“预防为主”原则转变，开始转向实施清洁生产。2003年1月1日起《中华人民共和国清洁生产促进法》的施行，标志着我国推行清洁生产已进入依法全面推行的新阶段。可见，我国已经将环境保护放到了非常重要的战略位置，这为环境会计在我国的建立奠定了政策基础。

在环境污染的今天，绿色发展已经成为了当今各国发展的理想模式。2009年2月联合国环境规划署(UNEP)第25届理事会会议暨全球部长级环境论坛的主题是“全球危机：迈向绿色经济”。同年4月，在北京召开的关于中国环境与发展国际合作委员会的圆桌会议中指出，我国的发展模式需要重新构建，从而推动经济转向绿色发展。绿色发展要求企业将环境因素贯穿到企业发展的整个过程中，包括制定发展战略、拟定投资计划、开展经营活动和进行业绩评价等各个环节，均要将环境因素考虑在内，注重节约和保护自然资源、减少污染排放、加强环境治理。

世界银行与国务院发展研究中心于2012年2月联合发布了一份题为《2030年的中国：建设现代、和谐、有创造力的高收入社会》的研究报告。该报告指出，我国过去30年的增长模式非常成功，已经使我国达到了中等收入国家水平；而未来的发展需要进行战略调整，即从只注重增长的数量向兼顾增长的质量方向转变，推进绿色发展，变环境压力为绿色增长，使之成为发展的动力。

（三）环境会计在国外的应用给我们提供了可借鉴的经验

发达国家的绿色会计从出现至今已经历了二十多年的时间，无论是在理论上还是在实践上都取得了一定的突破和经验。2001年8月，日本环境省对6400家在股票交易所上市的企业及从业人员在500名以上的非上市企业进行调查。结果表明，到2001年3月底，采用环境会计制度的企业已达35家，比前一年增加了12倍。此外，正计划采用这一制度的企业还有650家。环境会计的实施带来的效果也是显而易见的。首先是会计主体的环保意识大大增强，环境问题已成为企业决策时必须考虑的要素；其次，由于加强了环境因素的确认和计量，以及政府在环保方面的审计，企业对环保的投入大大增加。

虽然当前我国的环境会计发展还不够成熟，但是我们可以借鉴国外环境会计的理论成果，参考国外环境会计发展的经验，在环境会计的发展上少走弯路，尽快建立与我国发展实际相适应的环境会计，从而实现我国的环境保护和可持续发展。

二、从环境会计建立的自身条件分析

从理论方面讲，环境会计已经具备了比较完善的理论基础。就涉及的领域和涵盖的内容而言，环境会计是由环境科学和会计学科交叉渗透所形成的一门应用性学科，它主要是运用环境学和会计学的理论与方法，辅之以其他学科的理论和方法，实现经济和环境保护协调发展的目的。环境会计的研究领域涉及多个方面，如经济、自然环境以及社会的各个方面，其不仅与环境学、经济学、会计学有直接关系，而且与管理科学、哲学、数学、生物学、逻辑学等诸多学科有多方面的交叉渗透，使得其赖以产生的理论方法体系呈现多元化。正是在这些多元化的理论和方法的指导之下，环境会计的理论和方法体系的构建才是可行的。环境价值理论、可持续发展理论、稀缺理论、外部影响理论、生态伦理理论等构成了环境会计的理论体系，我们将在后面的章节进行详细讲解，这里主要从实践方面分析我国环境会计建立的可行性。

我国环境会计的操作实务正在逐渐形成。理论界有人认为，目前环境会计的理论还很不完善，还无法对企业经济活动的环境效益和社会效益进行真实反映，也很难评价企业所负环境责任的履行情况，因此建立环境会计、进行环境会计核算的意义不大。我们认为，此论有失偏颇。

（一）环境会计不能因噎废食

需要明确的是，我国目前的环境会计的理论和实务操作都还不够成熟和完善，环境会计的建立也存在许多的障碍，但不能因为有困难就不去研究。从目前我国的研究成果来看，我国的环境会计研究还处于起步阶段，成熟的环境会计理论体系的形成必须要经过相当长的一段时间才能实现。然而我国的环境资源现状却告诉我们，我们绝对等不起；而且，通过分析西方发达国家环境会计的发展历程，可以明白环境会计的发展和完善必须坚持实践和理论的协同发展。

（二）环境会计准则出台之前仍可以开展企业环境会计核算

企业以环境会计准则为指导建立环境会计，进行环境会计的核算是无可厚非的，但是，这并不代表任何企业环境会计的开展没了环境会计准则就无法进行。由其他国家环境会计的发展史可以了解到，许多企业环境会计的核算和控制业务的开展先于政府环境会计相关指导性文件的出台。而且这些企业的实践经验还为政府环境会计的指导文件提供了数据资料的支持，促进了规范性文件的颁布，从而也促进了环境会计的发展。所以，我国企业也须从自身条件出发，积极组织实施环境会计，让企业之间相互带动，使“星星之火”发展成燎原之势，进而为我国尽快建立环境会计奠定基础。

第四节 环境会计在国内外的现状及存在的问题

一、国外环境会计的现状

（一）北美

1. 美国环境会计研究

美国的环境会计研究开始于20世纪70年代，美国政府各部门及相关专业团体都在环境会计的研究中发挥了很大的作用。1992年，美国环保署就设立了专门的环境会计项目，其目的是为了促进并激励企业对环境成本的关注并将其纳入企业决策的考虑因素之中。之后，美国环保署编写发布了《作为企业管理工具的环境会计入门：关键概念和术语》，该书界定了环境会计的概念，同时还在环境成本的计算和分配、环境信息披露等方面提供了一定的指南，后被广为引用。之后，在1995年，美国环保署又发布了《鼓励自我监督：发现、披露、改正和防止违法》的文件，用以鼓励企业自愿并主动发现、披露、改正企业环境违法行为，并对于自愿并主动发现、披露、改正自身环境违法行为的企业给予了减免一定处罚的奖励。并且，美国环保署在对环境会计进行教育、指导和推广的过程中还采用了个案研究的方，例如在1995年进行了美国电报电话公司绿色会计的个案研究。

1975年，美国财务会计准则委员会(FASB)发布了《或有事项的会计处理》，但该文件针对的是一般或有事项的会计处理，虽有涉及但却并不是专门针对环境会计中或有负债等的处理。1989年时建立了专门的工作小组，主要针对环境负债和环境支出的确认和计量方面等对环境问题的会计处理进行具体研究。之后，FASB又先后颁布了《EITF89-3石棉清除成本会计处理》《EITF90-8环境污染费用的资本化》以及《EITF93-5环境负债会计》三个公告来指导和规范环境会计方面的处理。FASB于2001年和2005年分别发布了《FAS143资产弃置义务会计处理》和《FIN47有条件资产弃置义务处理》，两个文件中都有要求相关企业确认环境负债的内容。

在美国的环境会计发展方面做出重要贡献的还有美国证监会(SEC)，它发布了多条公告对上市公司的环境信息披露进行规范。其中1993年发布的第92号专门会计公报更是明确了上市公司对环境信息披露的责任，强制上市公司披露环境信息，并对要求披露的环境问题中环境成本与环境负债做出了规定。1996年，美国注册会计师协会(AICPA)颁布了《环境负债补偿状况报告》，为环境负债的确认、计量、披露等提供了一定的参考与指南。经过近二十年的发展，美国已经建立了适合自身发展的环境会计体系。目前，美国环保局正在与墨西哥进行合作，实行“2012边界计划”，两国共同保护环境。

2. 加拿大关注环境审计方面的发展

加拿大的环境会计研究起步较早，当前在世界上也处于领先水平。加拿大特许会计师协会(CACI)先后出版了一系列的有价值的研究报告，包括《环境审计与会计职业界的作用》《环境成本与负债：会计与财务报告问题》《环境绩效报告》《基于环境视野的完全成本会计》以及《废弃物管理系统执行监督与报告准则》等。其中，1992年颁布的《环境审计与会计职业界的作用》主要强调企业在环境问题方面的受托责任，并对环境审计服务的相关问题进行了研究分析。1994 年颁布的《环境绩效报告》是一份为公司提供环境绩效信息的公告指南，它指出了企业决定对外披露环境信息时应考虑的因素、企业单独的环境会计报告与年报中环境信息部分应如何具体列示披露，并对企业不同类型的利益相关者所关注的环境信息的各自重点进行了分析，并据此对环境报告中所需披露的问题提供了几种可供选择的不同方案。除此之外，加拿大特许会计师协会还会定期或不定期地以期刊的形式向外公布其关于环境会计和环境审计方面的研究成果，对企业编制环境报告与会计师对环境报告的审计工作进行指导和帮助。该协会于 1995 年开始了一项关于完全成本环境会计的新研究课题，并在 1997 年出版了《完全成本环境会计》的报告。随着环境会计的不断发展，越来越多的企业看到了环境会计对经济效益提高的好处，都纷纷将环境会计核算纳入企业会计核算中。

（二）欧洲

1. 英国是环境会计的起源地

英国的环境会计起源较早，其研究成果也处于世界前列，尤其在环境信息披露方面，环境报告一直是英国企业社会责任报告对外披露的一部分内容。早在 20 世纪 80 年代末期，Rob Gray 教授就开始对环境会计进行深入的研究，并出版了一系列的论文及相关著作，对环境会计进行了系统的介绍，使得人们逐渐重视环境会计。英国特许会计师协会从 1991 年起就开始编制年度“环境报告授奖方案”，从而对公司披露环境信息进行激励。1992 年，英国政府颁布了“环境管理制度 BS7750”环境保护法案，要求污染企业必须在报表中反映其所采取的环境保护措施，并且对企业管理系统做出了明确的要求，这极大地促进了企业对环境信息的披露。1997 年，英国环境部又颁布了题为《环境报告与财务部门：走向良好的实务》的文件，这一文件在一定程度上规范了环境会计的披露。

2. 德国的优势在于企业内部环境会计

20 世纪 80 年代早期德国就提出了环境成本计算，之后经过不断的研究，于 1990 年正式提出了德国式的环境成本计算。这种德国式的环境成本计算，具体而言就是将企业的所有成本分为环境成本与通常成本两部分来并行处理。1996 年，德国环境部出版了《环境成本计算手册》一书，这是在参考众多研究人员、产业界的代表、顾问公司意见的基础上编写而成的，这部手册给德国的产业界带来了较大的影响。

（三）亚洲

在亚洲，日本是环境会计领域的后起之秀。虽然日本的环境会计研究起步较晚，但发展迅速，已经达到世界先进水平。1993 年日本在环境省发布的《关注环境的企业的行动指南》中最先提出了环境报告书的概念。20 世纪末日本又提出了“循环经济”的概念，即从“大量生产、大量消费和大量废弃”为基本特征的现代经济社会向以“最优生产、最优消费和最少废弃”为特征的可持续发展的“循环型经济社会”转变。此后，日本对环境会计研究的力度不断加大。1999 年颁布的《关于环保成本公示指南》中将环境会计的核算正式提到了政府法规的层次。同年，日本许多上市公司开始按照指南中的要求披露其企业环境会计的信息，并有企业建立了“环境会计俱乐部”等组织，因此，日本又称这一年为环境会计元年。2000 年颁布的《关于环境会计体系的建立 (2000 年报告)》中，确定了有关环境费用和环境收益的计量方法。自 2001 年起，日本环境省又陆续颁布了《环境会计指南 (2000)》《环境会计指南（2002）》《环境会计指南 (2005)》，明确了环境会计的框架以及环境信息披露的基本模式。至今，日本有关环境保护的法律法规已经超过 700 种。

二、中国环境会计的现状

西方国家环境会计的发展已经经历了几十年，无论在理论研究方面还是在实务中的应用都取得了很大的发展，而我国对环境会计的认识和研究开始于上世纪 90 年代，在借鉴西方国家的经验的基础上，在理论和实务方面都有了一定的进展。政府和企业越来越重视对环境会计事项的披露，从 1993 年上市公司对环境会计事项的简单披露开始，环境会计事项披露信息在上市公司的财务报表中逐年变得详尽，环保信息也逐年增加，如冶金、化工、煤炭、电力、建材、造纸、制药、纺织和酿造等强污染行业的上市公司对环境会计事项的披露现基本包括环境质量情况、污染物排放指标情况、环境资源的耗用指标情况等。由国资委和国家财政部共同参与，委托国家会计学院实施具体研究的“环境会计理论和实践”课题于 2010 年 7 月在宝钢开展，该课题组通过对宝钢集团进行现场调研，寻找最佳实践，从中提炼出系统的环境管理会计框架，将生产经营对环境造成的损益纳入企业的经济核算体系，重点立足于宝钢实践，为宝钢将来的环境经营及环境会计的实施提供必要的政策指导建议。同时宝钢还将从环境管理的角度为国资委对央企的管理及评价提出框架建议，并为财政部碳排放权交易等相关环境会计的准则建立科研基础。

（一）政府部门高度重视环境问题

中国宪法明确规定："国家保护和改善生活环境和生态环境，防治污染和其他公害。"新中国成立以来，为保护环境，我国政府相继制定、颁布了一系列的法律法规，如环境保护法、自然资源保护法等。尤其是1979年之后，我国逐渐建立起了以《中华人民共和国环境保护法》为核心的环境保护的相关法律体系，包含很多方面，如水污染防治、海洋环境保护、环境噪声污染防治、大气污染防治等。同时国务院制定或修订了《中华人民共和国水污染防治法实施细则》等多项行政法规。政府有关部门建立了国家和地方环境保护标准体系，并形成了以各级政府对当地环境质量负责、环境保护行政主管部门统一监督，各有关部门依照法律规定实施监督管理的环境管理体制。

1987年，在世界环境与发展委员会出版的《我们共同的未来》报告中，首次正式提出"可持续发展"的理念，并在1992年的联合国"环境与发展大会"上通过了以可持续发展为核心的《21世纪议程》等文件。之后，世界各国都开始加入关注可持续发展的行列中。1994年，我国编制并发布了《中国21世纪议程——中国21世纪人口、环境与发展白皮书》，由此，可持续发展战略第一次被纳入了国家经济和社会发展的规划中。循环经济的发展思想又于20世纪90年代被引入我国，之后国家不断对其进行深入研究，2003年，国家将循环经济纳入可持续发展观。2003年8月，胡锦涛提出"可持续发展观"的理念，并在2005年十六届五中全会上对"科学发展观"的理念进行了阐述，强调我国要加快建设资源节约型、环境友好型社会。2009年，中科院发布《2009中国可持续发展战略报告》，并提出中国发展低碳经济的战略目标。

由此可见，国家对环境非常关注，再加上国家制定的一系列宏观经济政策，这些都为环境会计的研究创造了良好的条件，并在宏观上给予了环境会计研究以支持。

（二）我国环境会计取得的基本成就

我国环境会计的研究经历了一个逐渐深入的过程，在这期间环境会计理论得到了很大的发展。著作方面，我国学者先后出版了多本环境会计方面的专著。孟凡利教授于 1999 年出版的《环境会计研究》一书，系统地阐述了环境会计的产生、环境会计的理论基础、环境会计信息系统的构建、环境问题带来的财务影响、环境绩效及信息披露问题、环境会计控制以及环境会计分析等问题。李永臣在 2005 年出版了《企业环境会计研究》，2006 年张英出版了《构建我国环境会计体系的研究》，2007 年肖序出版了《环境会计理论与实务研究》等一系列关于环境会计的论著。2010 年肖序又出版了《环境会计制度构建问题研究》一书，为环境会计制度的构建提供了借鉴。田翠香于 2012 年出版了《企业环境管理中的会计行为研究》一书，对企业管理中的会计行为进行现实考察，对企业环境跨级应用的困境及其原因进行分析。除此之外，一些学者还通过翻译国外有关环境会计方面的专著引进这一方面的相关先进理论。环境会计著作的出版，对环境会计的基本理论框架、核算体系、信息披露等方面的内容进行了系统的介绍，促进了我国环境会计的发展。

三、中国环境会计目前存在的问题

（一）环境会计的相关法律法规不健全

虽然，我国有关环境保护方面的法律体系已经相对完善，如建立了以《中华人民共和国环境保护法》为核心的一系列法律制度，但是在这些法律法规中与企业环境会计相关的却不多。目前，大多企业以《中华人民共和国环境保护法》《中华人民共和国水污染防治法》《国家鼓励的资源综合利用认定管理办法》等相关法律法规作为建立和推行环境会计的依据，但是仍缺乏建立和推行环境会计的直接法律指导以及相关政策支持。而且，关于环境会计方面的问题在《中华人民共和国会计法》中并没有具体体现。企业追求股东财富最大化的目标，使得其在没有相关法律强制规定下很难主动为避免环境污染、生态恶化而增加支出。相关法律政策的不健全，客观上对我国环境会计的发展产生了阻碍作用，使得企业建立、推行环境会计的主动性降低了。

（二）环境会计体系不完善，缺乏健全的环境信息披露制度

当前，我国环境会计的体系仍不完善，没有统一的准则与制度来规范完善环境会计体系并规定统一的环境信息披露制度。科学的核算方法的缺乏和切实可行的理论体系的不完善，造成企业在对有关环境会计成本与收益进行计量的方面没有实际操作的具体方法。

环境会计同其他的会计一样，其目标都是为决策者提供有用的信息，最终目的是向企业管理者以及社会公众提供有关企业环境活动方面的信息，这具体体现为环境会计报告的披露。然而，当前我国还没有对环境会计所需披露的项目、形式等做出统一的规定，使得各企业更多的是根据有利于企业自身的方法选择性地披露环境会计信息，这就使得各企业间所披露的环境信息在一定程度上不具备可比性与完整性。

（三）社会环保意识薄弱

我国在对某一政府官员的工作能力进行衡量时多以政绩为标准，而在政绩中，地方经济发展又是较为核心的一个因素。这一衡量标准的存在使得我国一些地方官员，不惜以环境为代价，片面追求当地经济的发展，而忽视了由此可能带来的对环境方面的消极影响。片面追求经济的增长而忽视环境，这势必会影响环境会计在企业中的具体应用。

企业作为营利性的组织，股东财富的最大化是其追求的目标。这一目标可能会促使某些企业领导片面追求高收益的项目而忽视环境保护。作为环境会计的主要计量主体，对环境方面的忽视就代表低调处理环境会计，甚至不对环境会计进行核算，这在实践上对我国环境会计的发展造成了阻碍。

近年来，我国政府以及相关组织一直致力于环境保护宣传工作，但是环境保护意识在普通民众心中还未能上升到一定的高度。这使得企业在客观上缺乏舆论压力，为企业忽视环境保护创造了一个相对宽松的环境，这都会对我国环境会计的发展产生阻碍作用。

（四）环境会计的理论研究、实务操作尚不成熟

到目前为止，我国对环境会计的研究已经有二十年左右的时间了，但

是我国环境会计仍没有形成统一的基本理论。尽管用会计的方法来计量、反应和控制社会的环境资源，以改善社会环境与资源的状况作为环境会计的目标已经得到了大部分学者的认同，但学术界在环境会计主体、环境会计基本假设、对环境会计信息质量要求、环境会计要素的确认和计量等方面仍存在很大的争议。就环境会计主体问题而言，朱学义指出，环境资源为全社会所共有，所以环境会计的核算应由专门的部门来进行，而金颖则认为企业的生产活动对环境产生了重要的影响，所以环境会计的主体应该是企业。关于环境会计的基本假设，多数学者认为应采用多重计量的假设，但是金颖等人认为虽然环境会计采用多重计量的假设是符合现实的，但是按照边际价值理论分析，可以用货币来计量环境资源的效用，因此仍应采用货币计量。而关于环境会计要素，目前学术界持有多种观点，具体如前所述，包括三要素论、四要素论、五要素论以及六要素论。在环境会计的确认和计量方面，更是没有统一的标准与规范。理论的缺乏，使得在环境会计的实务操作方面缺乏依据，而更多的只能依赖企业的主观性，缺乏可比性和可靠性。

（五）缺少有效的环境会计信息系统

通过对西方国家理论与经验的借鉴，我国的环境会计在理论与实务方面都取得了很大的成就。但是就现在的研究与应用情况来看，完整有效的环境会计信息系统在我国的企业中还没有建立起来，对于企业环境会计信息的披露这一问题也是现在企业环境信息披露不足，披露信息缺乏可靠性和可比性的主要原因之一，同时也是影响我国环境会计在实务应用方面前进缓慢的原因。有效的环境会计信息系统可以使得企业披露的环境会计信息更可靠、更完整，避免很多企业虚假披露及选择性进行披露，更能解决环境会计现存的问题，同时有效的环境信息系统也能为政府部门、管理当局及其他信息使用者提供所需的企业环境会计信息，从而有利于使用者做出正确的决策。所以，现在环境会计在研究和应用中较为迫切的需要是构建完整有效的环境会计信息系统。我国应尽快建立起环境会计信息数据库，通过网络技术将各企业的环境信息公开，加大企业环境信息的透明度，为政府管理机关、投资者、金融机构等环境信息使用者提供准确而又及时的信息。

四、现代企业面临的环境责任

传统发展模式的弊端在经济发展的过程中日渐突出，人们在对这种发展模式进行反思的过程中已经深刻地认识到，企业的生产经营活动是造成环境污染的一个最为重要的原因。企业作为社会中的一个最基本的细胞，对环境保护有着不可推卸的责任。在实施可持续发展战略中，企业应该发挥最为积极的作用。随着企业相关利益者环境意识的提高，企业基于自身生存能力和发展的压力也必须注重环境问题。此外，国家制定的各种与环境相关的法律法规中也大都明确规定了企业所应承担的环境责任。具体而言，企业所承担的环境责任主要包括以下几方面：

（一）环境资源的有限性形成的环境责任

工业革命以来，以高投入、高消耗为基本特征的传统经济增长模式，使得有限的环境资源逐渐显得不足。企业是社会组织中的一个重要子系统，其在开展生产经营活动中，不仅为我们创造了大量的物质财富，同时对我们的生活和生存环境造成了严重的污染。种种资料表明，企业的生产经营活动是产生环境污染的最大污染源，企业特别是生产制造企业是环境质量恶化的最大肇事者。企业的生产经营活动所产生的对环境的污染已经严重超过了环境的自我净化能力。既然环境污染是由企业造成的，那么治理污染和恢复环境质量的责任也应该由企业来承担，充分协调好开发利用环境资源与保护环境之间的关系。

（二）企业的社会责任观念形成的环境责任

随着社会经济的发展，伦理学开始逐渐渗透到了企业及企业管理中，企业文化建设也受到越来越多企业的重视，企业的社会责任观念逐步形成，所有的这些都使得企业开始意识到要主动承担环境责任。伦理学的观念被引入企业和企业管理中，并形成了企业伦理学和管理伦理学。企业在注重文化建设的同时，从企业和社会双重需要的角度出发，努力为企业及其员工树立一种无形的价值观念和行为准则规范，逐步认识到并树立起企业的社会责任观念和社会责任目标，成为现代企业和企业管理近几年的新发展。越来越多的企业家已经充分认识到，企业是整个社会体系中的一个基本细胞，企业的生存、发展同环境有着密切的联系，因此企业应该为改善环境承担一定的责任，做出自己应有的贡献。

（三）企业基于自身生存与发展考虑而承担的环境责任

在时代的不断进步中，人们的环境保护意识也有所提高，人们逐渐认识到，如果企业不具备良好的环境形象，将会直接影响其生产经营的情况，甚至在一定条件下会威胁到企业的生存。可以这样说，企业基于自身的生存与发展考虑也必须注重自己的环保形象，积极参与到环境污染治理和环境保护中去，很好地履行自己的环境责任。

企业基于自身生存与发展要求注重自己的环保形象，这完全是我们站在企业的角度所做的考虑。企业重视自己的环保形象的原因主要体现在三个方面：一是绿色消费主义的兴起使得绿色产品在市场中越来越受到欢迎，许多国家已经不允许没有环境（绿色）标志的商品进入，绿色壁垒的逐步建立已不足为奇。可见，在今后的社会中，对环境无益的产品将最终被市场排斥在外。二是企业资金来源的资金市场也开始注重企业的环境形象与环境业绩。许多绿色银行、环保银行已经纷纷开始建立。三是从避免风险的角度考虑，企业也应该积极保护环境。一般来说，企业的生产经营活动对生态环境形成了污染，违反了国家或地方规定，企业将会极易面临各种各样的惩罚，一旦这些风险兑现，对企业来说将会造成一笔极大的损失；若污染严重的话，企业可能会被关闭或停业。因此，企业基于自身生存与发展的考虑也应积极投身于环境保护中，自觉承担起环境责任。

（四）国家法律所形成的环境责任

由于国家法律的规定而使企业在治理环境污染和保护生态环境方面所承担的环境责任，即所谓的国家法律所形成的环境责任。

国家作为社会的管理者，深刻知道生态环境保护的重要性，在处理经济发展与环境保护的关系中，大都制定了一系列适用于本国的关于防治和控制污染、保护和改善生态环境的法律或行政法规，来对企业行为进行调整。同时，国家还成立了若干个监督企业行为的权力机构，如环境保护机构、能源研究发展机构和经济监督部门，对企业的环境责任履行情况进行监督。各种有关环境问题的法律、法规的建立健全，使得企业承担了来自国家法律方面的环境责任。各种环境法律法规的强制性和规范性，使得污染者特别是企业在承担道义上的环境责任之外，同时还需要为自己过去的所作所为承担法律责任，要求企业在自身的生产经营活动中确实注重环境影响，充分将环境保护与人们的经济利益和其他利益结合起来。可以说，当前企业承担环境责任的主要动力来源于国家法律的强制性。

总之，环境会计是会计体系不断自我完善和发展的必然产物，是适应社会和时代发展需要，是保持生态平衡的必然选择。建立环境会计是我国构建社会主义和谐社会的需要，是可持续发展和经济全球一体化的需要。从企业的角度来说，环境会计就是将自然资源、人力资源和生态资源纳入企业会计核算体系之中，从而使自然资本和社会效益在企业的活动中通过会计工作得以反映，以便评估企业的资源利用率和社会环境代价，从而有效引导企业走环保之路。因此，环境会计的创建和发展与我国经济发展的规律是相符合的。由于西方国家环境会计的建立要比我国早几十年，为此，我们应充分了解和借鉴国外环境会计的理论，建立和不断完善适合我国国情的环境会计制度，从而促进我国经济的持续、健康发展和和谐社会的实现。

第二章　环境会计基础理论

就环境会计涉及的领域和涵盖的内容而言，它是由环境科学和会计学科交叉渗透所形成的一门应用性学科，它主要是运用环境学和会计学的理论与方法，辅之以其他学科的理论和方法，实现经济和环境保护协调发展的目的。环境会计的研究领域涉及多个方面，如经济、自然环境以及社会的各个方面，除了同环境学、经济学、会计学存在着直接的关系，同时它还渗透着其他学科多方面的知识。因此，其赖以产生的理论方法体系也呈现出多元化的特点。对环境会计的研究，首先要了解它的理论基础，包括环境价值理论、可持续发展理论、稀缺理论、外部影响理论和生态伦理这几方面，从而为环境会计研究提供理论依据。

第一节　环境价值理论

一、劳动价值理论

到底是什么创造了价值？价值又是如何创造出来的？对于这两个问题的不同回答，就形成了劳动价值论与非劳动价值论两大理论阵营。针对这一问题，存在着三种观点：第一种观点认为，劳动是一切价值（无论是劳动价值，还是使用价值）的唯一源泉；第二种观点认为，劳动只是劳动价值的唯一源泉，而并非使用价值的唯一源泉，使用价值的源泉还包括自然界；第三种观点认为，价值是人类天生赋予的、意识决定的，意志与理念决定价值的存在与否。目前，第二种观点得到了理论界人士的普遍认同，而这种观点正是一种典型的非劳动价值论，换句话说，是一种不彻底的劳动价值论。

亚里士多德第一次对使用价值和交换价值的概念进行了粗略地区分，认为每种货物都有两种用途：一种是货物本身所固有的，可以满足人们需要的用途；另一种是可以用来进行交换的用途。他还明确指出："一切物品都必须有一个价格；这样才会始终有交换，因而才会有社会。事实上，货币就像尺度一样，使物品可以通约，从而使它们相等。因为没有交换就没有社会，没有相等就不能有交换，没有可通约性就不能相等。"亚里士多德在商品的价值表现中发现了等同关系，但是这种等同关系具体是什么他没能发现。奥古斯丁提出了"公平价格"概念，换句话说指的就是平均价格。马格努将公平价格看成是与生产商品时的劳动耗费相等的价格，认为只有劳动耗费相等的物品才可以相互交换。他第一次提出了应该以劳动耗费作为商品交换之基础的理论。威廉·配第则将价格分为两种，即"自然价格"和"政治价格"。"自然价格"实际上指的就是商品的价值，而"政治价格"则是指商品价值的市场表现——价格。威廉·配第认为，市场价格的涨落总是围绕着一个中心起伏变化的，而这个中心就是自然价格，即价值。他还认识到商品和货币的价值均取决于劳动，货币和其他商品得以进行比较和交换的基础则是劳动量。如此，他对商品的价值与价格进行了一次粗略地、模糊地区分，但是把价值与交换价值混为一谈。斯密把价值区分为使用价值和交换价值，但没有把交换价值与(劳动)价值的概念区分开来。李嘉图将斯密的理论进行了发展，他指出："具有效用的商品，其交换价值是从两个源泉得来的，一个是它们的稀少性，另一个是获取时所必需的劳动量。"每个生产者在生产时实际耗费的劳动量并不能决定商品的价值，商品的价值而是由必要劳动量决定的，但他认为是生产者在最劣等条件下生产商品所耗费的劳动。

马克思在概念上对劳动价值和使用价值进行了严格区分，还区分了交换价值与劳动价值。马克思认为，劳动价值是劳动者在生产商品过程中所付出的一般人类劳动量，使用价值则是客观事物对于人的需要所产生的肯定与否定关系，交换价值是指一种商品同另一商品相交换的量的比例关系。他还对劳动价值与劳动力价值进行了区分，认为生产、发展、维持和延续劳动力所必需的生活资料的价值决定了劳动力的价值。不过，他并没有区分价值与劳动价值，他认为价值与劳动价值完全等同，与使用价值无关，价值不含有任何使用价值的成分，这就通过概念自然而然地得出结论：劳动是价值(即劳动价值)的唯一源泉。同时他还认为，自然界能够创造使用价值，劳动只是劳动价值的唯一源泉，不是使用价值的唯一源泉，因此他所建立的劳动价值论并不是一种彻底的劳动价值论。马克思将劳动价值建立在时间尺度基础之上，认为劳动时间的相对比例决定了商品的交换比例。然而，对于不同国家、同一国家的不同历史时期、同一国家同一历史时期的不同职业(特别是脑力劳动职业与体力劳动职业之间)、同一职业的不同工种、同一工种的不同劳动者、同一劳动者的不同年龄阶段这些问题而言，单位劳动时间(或必要劳动时间)的真实价值内涵必然存在着很大的差异，并且这种差异是不断变化的。只有在单位劳动时间的价值内涵相同时，商品的交换比例才会由劳动时间的相对比例来决定的。

统一价值论一方面促进了价值概念的进一步分化，把使用价值分解为两个分量，即功能价值和耗散价值，在此基础上对事物的使用价值与使用特性进行了严格区分。并指出，自然界的事物(如水、阳光、空气等)虽然天然地具有某种使用功能或使用特性，但绝不会天然地具有使用价值，当事物的耗散价值等于其功能价值时，该事物对于人的使用价值为零，尽管人正在使用它，并且离不开它；任何使用价值都是由劳动创造出来的，如果不了解和掌握冶炼技术，铁矿石就永远不具有使用价值。对使用价值概念的分解，为彻底的劳动价值论的建立奠定了基础。

统一价值论另一方面又使得价值概念在更高意义上得到了统一：从物理学角度定义价值，认为价值是一种“广义有序化能量”，从而实现了价值理论与自然科学的衔接，进而对整个社会科学走向自然科学起到了有力地推动作用；它还认为使用价值与劳动价值属于价值的两种基本形态，其中使用价值反映了客观事物对于人的作用程度，而劳动价值则属于一种特殊的使用价值，是一种能够创造使用价值的使用价值，它是人对客观事物的反作用程度的反映。对于劳动价值概念的新认识与新理解，把劳动价值从抽象范畴重新拉回到具体范畴具有重要的理论意义，从而可以把人本身看成是一个(生活资料)使用价值与劳动价值的投入产出系统，把任何生产系统都可以看作是劳动价值、(生产资料)使用价值与(产品)使用价值的投入产出系统，为实现哲学价值理论及政治经济学与现代经济学及价值工程学等学科的理论衔接开辟了道路。

传统会计计量是建立在马克思的劳动价值理论基础上的，劳动价值论的主要内容包括：商品是用来交换的劳动产品，只有劳动产品才有价值，即“劳动创造价值”；劳动量决定价值量；劳动量又以劳动时间特别是所谓社会必要劳动时间度量；价值是“凝结在商品中的无差别的一般人类劳动”；商品要求按其内含的价值相交换，商品价格以其价值为中心，因供求关系的变化而有所变化。马克思劳动价值理论分析包含着三个理论前提：一是物物交换，从而排除掉供求关系对交换比例或交换价值决定的影响；二是假定劳动以外的要素都是无偿的，因而在马克思的交换价值分析中没有土地、资本等要素的地位；三是假定生产商品的劳动是简单劳动，复杂劳动被认为是倍加的简单劳动，所以在创造价值的劳动概念之内不包含知识、科技、经营管理。马克思的劳动价值论在这些设定的前提下是非市场价格和非资本市场条件下的商品交换规律的理论，即狭义劳动价值论。所以马克思的劳动价值论已不适用于解释劳动以外的要素有偿使用的现代商品经济和市场经济。

二、效用价值理论

效用是商品满足人的欲望和需要的能力，既有主观性，也有客观性。总效用 (TU) 是从消费某种物品所获得的总的效用。边际效用 (MU) 是某种物品的消费量每增加一单位所增加的效用，即满足边际欲望的物品所具有的效用对人类心理和行为影响的最后增加量。

效用是价值的源泉，效用和稀缺性构成价值形成的充分条件；物品能够满足人们某种需要的能力即为效用；而价值是人们对物品效用的主观心理评价，可以说效用决定物品的价值；如果物品可以无限供给，人们可以不付任何代价取得，则该物品不具有价值，因而稀缺性和效用性相结合构成价值形成的充分条件。商品的价值是一种表示人对物品的感觉和评价的主观心理，主要关注于物品给人带来的满足程度。物品首先要能给人带来效用才能有价值，否则就没有人会需要；同时也必须具备一定的稀缺性，否则与其他物品进行交换就没有必要了。而价值的尺度则是边际效用，即使是不能直接带来效用的生产资料，其价值也由其参与生产的相应最终消费产品的边际效用来决定。而价格则是买卖双方对物品的效用进行主观评价、彼此竞争和均衡的结果。因此，各种商品的价格之比就应该与它们的边际效用之比相同。

马克思认为，人类劳动是价值的唯一源泉，使用价值即物质财富的源泉却不仅仅是劳动，他说："劳动并不是它所以产生的使用价值即物质财富的唯一源泉，正如威廉·配第所说，劳动是财富之父，土地是财富之母。"马克思还说过："物的有用性使物成为使用价值。但是，这种有用性不是悬在空中的。它决定于商品体的属性，离开了商品体就不存在。因此，商品体本身，例如铁、小麦、金刚石等等，就是使用价值，或财物。"显然，马克思在使用价值或财物创造的源泉的认识上同当代西方主流经济学相同，认为它们是土地、劳动和资本共同创造的。而西方经济学中的效用就是物的有用性。当然，物之所以有效用，一方面是因为该物质的客观性质，另一方面还与人的主观需要关系密切。西方经济学家强调效用的主观因素，马克思却在强调了其客观性的同时也注意到了"有用性"的主观方面的因素，也就是考虑到能够满足人们需要的性质是有用性的一个来源。马克思说："商品首先是一个外界的对象，一个靠自己的属性来满足人们某种需要的物。这种需要的性质如何，例如是由胃产生还是由幻想产生，是与问题无关的。"显然，实际上马克思是承认效用的，即商品满足人们需要的性质，亦即其有用性，也与人自身的主观方面密切相关，只是他明确表示，效用和使用价值不是其研究的对象，因为它们属于人与物的关系。他认为人与人之间的关系才是政治经济学的研究对象。

既然包括马克思在内的几乎所有经济学家都认为土地、劳动和资本物等共同创造了物质财富，那么至少我们可以断定，我们所消费的一切有用的物品就其物质形态来说不是仅仅由劳动单独创造的。进而，我们可以认为当代各国政府追求的经济增长、实际国内生产总值的增长，不是劳动单独的贡献，而是包括所有资源在内共同的贡献。

使用价值不是马克思的研究对象，马克思研究的对象是价值。他认为，商品具有两重属性，即使用价值和价值。其中，使用价值是商品的物质属性，价值是商品的社会属性。社会属性是指人与人之间的交换关系，这一商品经济中最基本的人与人之间的关系。换句话说，马克思的价值概念体现的是人与人之间的关系。这与效用价值论所体现的关系显然存在很大差别。

效用价值概念不是从人与人的交换关系中抽象出来的，而是从人与物的关系中抽象出来的。其本意是要用人对物的主观评价去解释交换价值。效用价值是人们考虑到稀缺因素时对物的有用性的一种评价。效用价值是从人对物的评价过程中抽象出来的，在本质上它体现的是人与物的关系，即当人类面对不同稀缺程度的物质资源时，如何对其用处和效用的大小进行评价和比较。它不同于马克思从交换关系中抽出的价值概念，它们是两个根本不同的概念，从本质上它不体现人与人之间的关系。

如果不从交换价值的角度去理解效用价值概念，而是从使用价值的角度去理解它，它就是一个合理的概念。它准确地揭示了人与物之间的基本经济关系，也就是说如何评价物对人的有用性。它是人类利用自然物和改造自然物的前提之一。认识自然是自然科学家的事，而利用和改造自然就不仅属于自然科学家了。其中，如何在现有知识水平下，选择利用自然、改造自然的最佳方法就是需要经济学家解决的基本问题。此类“最佳选择”，小可以解决某物的最佳利用问题，大可以使新的科学发明形成最有效的改造自然的生产力。但最佳方案的选择要以对不同方案的效益或物对人的不同重要性的评价为前提。此时就需要解决以下两个最基本的问题：第一，进行这种评价必须从对人是否有用的角度出发；第二，必须对所利用的物或自然资源有用与无用的界限及其用处的不同等级或大小进行判定。就理论方面而言，效用价值概念的合理性也就在于它从人的角度出发提出了评价一般物的有用性大小及其边际的一般方法。

三、环境价值理论的适用范围

劳动价值概念是从人与人的劳动交换关系中抽象出来的，它仅适用于研究生产关系，即人与人之间的关系；效用价值概念是从人与物的关系中抽象出来的，它仅适用于研究人与物或人与自然的关系。如果两种价值概念错用于对方的领域，那么两者就都将变成谬误。

（一）劳动价值概念的适用范围

马克思本人无意用其价值概念去研究使用价值和生产力，它严格地将其价值概念限制在分析生产关系的限度以内。因此，在马克思的著作中从不会出现劳动价值概念的错误。

但是，不少经济学家不满足于仅用劳动价值概念去分析生产关系。他们将劳动价值概念视为真理，认为它放之四海皆准，往往用它去分析生产关系以外的各种经济问题。这就损害了劳动价值论的真理性形象，使它陷于与实践相矛盾的境地。

（二）效用价值概念的适用范围

对人与物经济关系的研究并不是建立效用价值论的最初目的，其建立的目的是为了说明交换价值。最初的效用价值概念仅限于用来研究交换和分配关系。这种目的和效用价值概念的本质属性相冲突。用对物的有用性大小的评价来解释交换和分配关系，必然会将它们与人类社会的联系割断，抹杀工资、利润、价值等范畴的历史性和社会内容。效用价值概念在当代西方经济学中早已突破了最初的目的，被广泛地用来研究人与物之间的经济关系。

综上所述，人与人之间的关系是劳动价值概念的本质所在，只有在考察人与人的关系时，劳动价值才是唯一的决定性因素。一旦转而考察人与物的关系，劳动就不再是唯一决定这种关系的因素了，必须同时考虑到物和自然方面的因素对这种关系的决定作用。抛开了人与人的关系，仅从人与物的关系的角度去研究实际国内生产总值或实际国民生产总值时就是如此。因此，使用价值概念和效用价值概念具有独立的意义，不能与劳动价值概念混为一谈。如果我们的目的不是考察人与人之间的关系，而是考察生产力或资源本身的合理配置等问题，劳动就不再是唯一需要考察的因素。其研究日的不是为了揭示人与人的关系，而在于揭示生产力本身的规律，在于研究物质财富及其创造。总之，在研究人与自然的经济关系时，劳动价值概念就不再适用了。而使用价值概念，经过了修正的效用价值概念却正适合这类问题的研究。

边际效用价值论的合理性在于其效用价值概念的合理内容。它实际上是在研究使用价值及其效用，研究如何评价物对人的有用性及其边际。它体现的是人与自然之间的基本经济关系。效用价值论创立之初是有意和马克思为敌的，因此人们对它也感到厌恶。但是随着经济学中对人与物关系的研究日益增多，其合理内核的科学意义及其作用也日益显著。也正因为有了一个合理的内涵，当代效用价值论在指导经济实践方面的意义已逐步超过了为资本主义辩护的意义。任何理论的作用都是有限的，效用价值论也是如此，它只有在分析人与物的经济关系时才具有一定的科学意义。

四、两种价值理论形成环境会计理论的基础

劳动价值论忽视了效用的主观性和需求方面的因素。不管某产品包含

了多大的劳动量，或耗费了多么高的成本，如果没有人要，就卖不出去。相反地，即使不含任何劳动量，不费成本的自然资源或任何其他东西，却可以卖出一个价钱甚至是高价。因此站在劳动价值论的对立面上，人们也曾广泛认为，只要有用的(无论用于生产或消费)就有价值，这是早期效用价值论的思想。古典经济学则认为这里将使用价值和交换价值混淆了，使用价值即效用并不是，也不决定交换价值。

古典经济学经常拿水作为例子，认为水对于人的用处极大，没有水喝就会渴死，也就是使用价值或称效用极高，但交换价值却很低；与之相反的是钻石只是一种饰品，其使用价值相对较低，但交换价值却很高。这种使用价值与交换价值适得其反的现象，曾被称为“价值悖论”，并被劳动价值论者用来说明交换价值不能由效用决定，从而自认为已经批倒了效用价值论。引入边际分析，对总效用和边际效用进行区分，才能对“价值悖论”做出合理解释。效用价值论经过改进可以安然度过这样一个逻辑困境，并被重新表述如下：在一般情形，影响选择的只是边际单位，故此交换价值由边际效用决定。

从劳动价值理论的角度讲，只有用来交换的商品，其价值才能以社会必要劳动时间来衡量，而对于非交换、非人类劳动的物品，是无法用货币进行计量的，会计也不需对其进行核算。这就是说，传统的价值观念认为只有人类劳动作用、进入市场交换的资源才有价值，正是基于这种价值理论的影响，人们才认为环境资源没有价值，进而导致人类以牺牲环境为代价来换取自身的经济利益。20世纪60年代美国经济学家Weisbrod，B.A和Klutilla，J.V最早提出了环境资源价值的概念，他们认为环境资源价值主要表现在四个方面：第一，它为人类生产活动提供再生和不可再生资源；第二，它为人类及其他生命体提供生存场所；第三，它对人类活动排放的污染物具有扩散、贮存、同化的作用，即环境对污染物具有净化作用；第四，它提供景观服务，优美的大自然是旅游胜地，为人类的精神生活和社会福利提供天然的物质资源。由此可知，环境资源的价值除了作为生产资料表现为市场价值外，更多地表现为“外部性”的非市场价值。它的特殊性在于：它的价值并不完全取决于人类的经济开采和利用，其存在本身就具有鲜明的经济与非经济功能，这完全与传统价值论中认为没有劳动参与的自然资源没有价值，没有进入市场交易的自然资源没有实现价值的观点所不同。环境资源的价值，不仅仅是对人类需要和利益的满足，而且也包括对地球上一切生物的需要和利益的满足及对地球生物圈系统整体完善、健全的需要和利益的满足。因此，它们的价值是固定存在的，与人的判断和评价无关。自然界具有多样性价值，如经济价值、生存价值、选择价值、消遣价值、科学价值、生命价值、多样性和统一性价值、精神价值、美学价值等。这些价值的存在和相应价值观的确立，使环境资源作为会计核算对象成为可能。环境资源价值观的确立，是把环境资源纳入会计核算系统的必要的理论准备。

从环境资源的效用性、稀缺性、替代性、非交易性等特点来看，效用性构成了环境资源的价值源泉，稀缺性决定了必须引进边际概念，而替代性决定了环境资源的价格，非交易性决定了环境资源的价格必须借鉴数学方法。综上所述，环境会计的计量价值理论综合了劳动价值理论和边际效用理论。对于包含劳动的环境诸要素按劳动价值理论建立的计量方法来计量；对于不是劳动结晶的环境诸要素按边际价值理论建立的计量方法来计量。由此可知，因为价值观念的扩展，环境资源从边际价值理论和效用理论方面讲是有价值的，所以才能将其纳入会计核算，才可以采用货币和非货币进行计量。

第二节 可持续发展理论

可持续发展理论给人类在进行社会经济发展的过程中提出了保护环境的要求，当代人的发展不能以损害后代人的利益为代价。正是由于这种理论的提出，人们才开始将环境问题纳入会计研究中。联合国粮农组织要求采取某种方式使用和维护自然资源基础，保持农业和农村的可持续发展。这一目的的实现，除了采用技术外，必须将环境问题纳入会计研究中，从而为测度可持续发展提供流量和存量信息。

可持续发展理论是在深刻的历史背景和迫切的现实需要的情况下产生的。由于人口的急剧增长，使得人口与经济、人口与资源矛盾的日益突出，人类为了满足自身的需求，在缺乏有效的保护措施情况下，对自然资源进行过度地开采和使用，造成了资源耗竭严重、生态环境恶化，威胁了人类的生存和发展。面对人口、资源和环境等世界性问题，谋求新的发展模式迫在眉睫，从而实现人与自然的和谐相处、协调发展。我们应该给后代多少影响？要确保后代的生活不变差，我们要留给后代什么？有充分的资源供应吗？不管失去还是节约资源，有可接受的资源利用方式吗？我们应该如何决定替代的可能性、技术和多样性？这些都是可持续发展需要面临的问题，是可持续发展思想形成的现实推动力。

可持续发展是一种着眼于未来的长期的发展，其内在要求是“在满足当代人需要的同时，不损害人类后代的满足其自身需要的能力”。可持续的内容包含四个方面，即环境、社会、经济和制度的可持续。早在1995年，可持续发展委员会提出了可持续发展的制度方面的问题。可以在多个层次上对此的定义进行理解，但其中最关键的问题是处理好经济发展与资源及环境保护之间的关系。就是说，要改变当前不适当的生产和消费方式，有效地保护和管理各种用于人类生产生活的自然资源，有效地管理和治理对人类可能造成的和实际已造成的环境污染，以保证资源利用的持续性，保证环境对持续发展的支持。和传统的发展观相比，可持续发展思想将环境与经济发展这两个过去被认为是相互抵触的人类活动目标有机地结合起来。

大多数生态学家和少数经济学家强调整个生态系统的完整和保护。据统计，有关持续发展的定义有七个方面多达十几种，它们主要侧重于生态、经济、技术、社会、伦理、空间和人与自然相协调等各方面，目前确切公认的定义还没有建立。实际上，朴素的持续发展的思想在传统的资源管理中有所体现，但是这种思想一直没有得到重视和形成系统的理论体系，直至1980年，国际自然保护联合会（IUCN）在其《世界保护策略》(*Word Conservation Stategy*)一书中从生态学的角度明确提出了持续发展的概念，“持续发展”才成为了当代的科学术语被广泛使用。布伦特兰委员会的观点认为“可持续发展是一种既能满足当前需要又不损害后代满足他们自己需要的能力的发展”。可持续发展理论强调自然与人类的统一、协调和共同发展的基础上求得经济发展。可持续性是可持续发展的根本目标。可持续发展概念在环境政策议程中有显著的地位，1992年，持续发展的概念被联合国环境与发展大会所接受，其传播速度之快、影响范围之广超出人们的意料。它的定义是：没有危及后代满足自己的需要的能力的情况下满足当代的需要的发展，这个定义同布伦特兰委员会的观点相同。世界环境发展委员会在《我们共同的未来》一书中的定义具有一定“权威性”，被广泛引用和应用，可持续发展在该书中被定义为“是既满足于当代人的需要，又不对后代满足其需要的能力构成危害的发展”。它是从世代伦理方面进行界定，根据此定义，它要求我们在伦理上应遵循“只有一个地球”“人与自然平衡”“平等发展权利”“互惠互济”“共建共享”等原则，在资源利用上，对于共有的资源当代与后代有公平享用的权利，强调留给后代同样或更好的资源基础。由于该理论的产生和发展，逐渐转变了人类原有的认识论和价值观，出现了由人类中心论向物种共同进化论转变、由现世代主义向世代伦理主义转变、由效益至上向公平合理至上转变的趋势。现在，可持续发展问题同生物多样性、全球变化问题共同称为当代生态环境科学的三大前沿领域。

20 世纪 90 年代可持续成为了一个新的基本问题。对于可持续发展的定义，不同学者和组织作了许多努力，试图用一个清晰的和广泛有效的方式来定义这个难懂的概念，但其结果是产生了许多不同的、有时甚至是相反的定义。研究发现可持续与下面的相联系：资源的可用性和承载能力、资源利用的效率、资源分享的平等、代际间的平等、环境动力和约束。可持续发展的内容可概括为这几个方面：人口问题、资源问题、生态问题和眼前与长远、局部与整体问题，即可持续发展是人们对传统的经济增长和社会发展进行修正所确立的一种发展模式。“可持续发展是一种既能满足当前需要又不损害后代满足他们自己需要的能力的发展”(布伦特兰报告，1987)，这一概念是现在比较公认的可持续发展的定义。布伦特兰报告的定义很不详细，对我们详细陈述可持续起不到什么指导性作用。

关于可持续发展的问题，我们必须对经济关系进行重构来集中于两个优先：一是平衡人类对环境的利用与生态系统的再生能力，二是分配可获得的自然资本的方式是保证所有人有机会充分实现他们的物质需要和追求他们的充分的社会、文化、知识和精神发展。

从长远角度看，我们不能为了保持发达国家的消费者维持目前的消费水平和模式而牺牲世界三分之二人口的利益，使他们不能像发达国家的人们一样平等地享用资源。一旦在环境空间概念中，作为一个目标，平等利用资源的人权被假设——像所有的人权一样——这个目标将绝不能真正地实现，但是可以作为一个重要的政策指导，例如，欧洲公民将不得不减少他们的化石能源消费的四分之三。对于原料采掘，流量减少 50%，欧洲平均需要减少 80% ~ 90%。就土地而言，由于生物多样化和土壤生产力的损失，亟须实行可持续模式，限制人类给土地带来的压力和减少土地利用强度，例如通过促进向有机农业和可持续林业的转变，加上自然保护面积的扩大达到所有种类的陆地面积的 10% ~ 15%(正在进行中)。并且，在人口稠密的地方，为了实现可持续的土地使用模式，逐渐停止建筑用地增加的需求。这些限制说明了我们可以可持续地消费多少，我们把它们称为环境空间的“最高限度”。对于每个美国公民，物质流量和能源减少目标将大约是两倍高(土地利用将较低)，而中国接近限度，印度——更不用说非洲——显著低于限度。

意愿支付不能充分表现可持续概念中所体现的社会价值。可持续是多种价值的综合，包括经济、社会和生态价值。可持续包括维持：相对于生态生命支持系统，经济活动的可持续规模；资源与机会的公平分配，不仅在人类当代之间而且在当代与后代之间；随着时间的过去，充分解释自然资本的资源的有效分配。

此外，对会计学科来讲可持续的含义也是会计研究的内容。美国学者建议未来的一种方式是，按照环境资源满足未来需要的能力来考虑不同的环境资源。他引用“临界自然资本”“可持续自然资本”“人造资本”，在这点上他对关于应该留什么给后代以保证他们生活不会变坏的问题的研究起了一个重要的开始。比如，视临界自然资本为不可侵犯的，需要我们不惜一切代价去对其进行保护。然而，例如临界自然资本应该包括什么，谁决定这种问题和如何决定，这些问题都是无法回答的。同时，相关专家也建议未来的方式是把可持续概念转变到每个组织，并使它进入会计中。尽管这种方法很可能提高组织决策者的意识，增加组织的透明度，但是它不一定带来可持续。例如，向更广泛的支持者报告更大范围的过去的公司的影响可能有助于提高代内平等，但是不能保证采取有助于后代的理想的行动。

为实现可持续发展，关于如何维持资本这一问题存在两种不同的观点。一种观点主张在一个总体意义上通过维持人造资本和自然资本的总数在一个不变水平上来维持资本。第二种观点倡导在一个总体意义上分别维持每一种资本，但是存在一个限制性条件，就是总数仅仅发生在一个给定的资本里并且超过它们。可持续的第一个观点假设所有资本形式之间的完美可持续，被认为是弱可持续。第二种观点假设人造资本和自然资本基本上是互补的，仅仅是边际可替代的，被称为强可持续。人造资本不能替代自然资本，因为人造资本是后者自然资本的物质转变。由此可见，两个因素之间是互相补充的，因为生产更多的人造资本需要更多自然资本。因此强可持续对可持续来讲是相关的概念。采用弱可持续或强可持续对可持续计划有着不同的含义，这是需要特别注意的问题。例如，在弱可持续下，一个国家可能耗尽他的自然资本存量，只要把相等的价值(自然资本)投资于人造资本。另外，在强可持续下的那种决策不可接受，因为两种因素是互补的，自然资本是有限的因素。

就环境会计而言，目前弱可持续是比较适宜的观点，即主要维持企业资本(自然资本+人造资本)总量的平衡，但如果从长远的角度看，环境会计必然要从弱可持持续向强可持续转变，即维持自然资本总量的平衡。

第三节 稀缺理论

环境资源是稀缺的，总是不能满足人类发展的需求。经济学的核心就是稀缺规律，环境会计同样以稀缺规律为基础。面临环境资源的稀缺，人类才更需要考虑如何使最少的投入获得最大的产出，其中就涉及如何定价等问题。环境会计通过自然资源耗费、环境成本和费用的确认、计量、记录，分析环境质量效益，从而更合理地开发和利用稀缺资源，实现自然资源与生态环境的良性循环。依据资源稀缺性的标准，可将环境资源划分为两类：自由取用资源和经济资源。随着人类的繁衍和经济的发展，一方面，人类对自然资源的需求量越来越大，已远远超出自然界自身的更新能力；另一方面，人类排放到环境中的废弃物也越来越多，超出了环境的承受力。就这一情况而言，良好的环境已成为经济意义上的稀缺资源，也就成了经济资源。当环境资源成为经济资源时，环境资源是有价格的，因此在使用环境资源时就必须付出相应的费用。在资源稀缺的情况下，为了维持其效用，人类就会不自觉地去寻找替代物，如利用太阳能替代现有能源，使环境资源又具有替代性的特点。

环境经济学中的“补偿论”认为高质量的环境应当是“稀缺物品”，必须经过努力才能获取，人们必须放弃其他的效用来换取它，它具有稀缺性。水、空气、土壤、森林、矿产等资源是全世界所有国家及子孙共有的特定财产，在这些财产中有的无法更新，消耗完之后就再也没有了，虽然有的仍可更新，但必须付出代价。随着生产、生活污染的日趋严重，清洁的水、空气等逐渐成为稀缺资源，而人们对环境物品的需求超过其供应。从这一观点看，随着生产、生活向环境排污规模的扩大，当生态环境遭到破坏时，为使生态环境恢复，就需要投入额外的劳动和资本进行补偿。这就需要对环境污染损失、自然资源消耗、环境保护支出、环境保护收益等项目做出精确的货币计量。正是由于环境与自然资源的稀缺性，所以会计需要核算他们的污染、消耗、破坏、补偿等。环境会计就是适应对与环境有关的经济业务的核算而产生和发展起来的。

第四节 外部影响理论

外部影响是高效率地解决环境问题的主要影响因素。外部影响就是指生产者或消费者通过价格以外的渠道，对别人的福利造成影响，包括正的外部性影响和负的外部性影响。一项经济活动所产生的商品，为满足生产活动需要所提供的服务，属于内部性问题，而这项经济活动对环境的影响属于外部性问题。例如，一个养殖场有可能因其生产活动而对附近的河流造成污染，从而对沿河的工厂和居民的生产和生活造成不利影响，这种影响就属于外部影响。依据传统的经济计量分析和会计处理方法，经济活动的内部效果是主要考虑的因素，而外部影响则被忽视，这很不利于环境问题的解决。因为受影响的对象如空气、土壤、景观、环境等都具有“公共商品”的特性，属于超商品，造成影响的人不需要对其行为完全负责，也就是说，可以不考虑由于他们的行为所造成的外部影响对其他受影响者所引起的费用和负效益。这样便会出现两种趋向：一是企业的环境污染、生态破坏行为无节制；二是社会承担的环境负担加重。因此，若想很好地解决环境问题，就必须消除消极或负的外部影响。

环境会计是消除外部负影响的重要手段，按市场价格把经济活动的外部影响进行内部化，是从环境与经济的综合高度，合理地把经济活动的内部性因素和外部性因素结合起来，并以货币／非货币为计量形式进行费用－效益分析。企业为了追求效益而破坏自然环境的行为，其根源是企业没有考虑自身生产给自然造成的外部影响而产生的相应成本。从这个角度上来看，企业的盈利也就具有了一定的“虚假性”。环境会计的建立就是通过对企业的外部影响产生的社会成本内部化，要求企业公平合理地承担外部影响，把使用和维护环境资源与企业的经济利益联系起来，阻止和限制企业在生产过程中对自然资源与环境等公共商品的过度消费，规范消费行为，提高环保意识，消除消极的外部影响。

第五节 生态理论

在中国古代就已经有了生态伦理观念，《荀子》的所谓“圣王之制也，草木荣华滋硕之时，则斧斤不入山林，不夭其生，不绝其长也”，正是现代生态伦理学中的爱物观念的体现。然而，随着科学技术的发展和人口的增长，人类的沙文主义观念越来越强烈，不但不断地侵占其他事物的“领地”，并且运用自己的技术任意对自然进行改造，吞食各类濒临灭绝的物种，还使得其他生物被迫改变自己原有的生存方式。最终使全球陷入了这样一个环境污染、资源浪费的恶性循环中。地球上生命的存在严重受到环境污染和环境恶化的威胁。为了改变这种不良趋势的进一步发展，世界上一切有良知的人们强烈地呼唤生态道德。

20世纪30年代在美国发展起来的生态学，尤其是利奥波德在生态学思想的基础上提出的土地伦理观深刻地影响了战后美国环保运动的产生。利奥波德土地伦理思想的主要贡献体现在两个方面：其一，提出了土地共同体概念并把伦理范畴扩展到人与土地之间的关系上去，其目的是要建立一种正确的人与土地的关系，即人与自然之间的和谐关系；其二，构想了“生物区系金字塔”理论模型，借用生态学范畴“能量流”和“食物链”等来对自然体系的复杂性及运行机理进行说明。利奥波德的思想“成为环境保护主义的神圣教义”，它“勾勒出许多今天资源节约和环保组织的基本信条”。利奥波德本人因此被誉为环境主义的先知先觉式人物。日益严重的环境污染与生态破坏，已成为我们难以承受的发展之重。面对当前环境污染和生态破坏不断加剧这一问题，将市场机制引入环保的观点得到了许多专家学者的支持。观点固然有其合理性的一面，但市场也存在失灵，法律和制度无法对一切都进行调整。要综合治理环境污染和资源浪费，最根本的，还是要重建世人的生态伦理意识。伦理观念作为调节人与人之间关系的重要纽带，发挥着法律和制度所没有的作用。同样，伦理观念也应该而且已经拓展到了人与自然之间的关系，“生物或大地自然界应当像人类一样拥有道德地位并享有道德权利，个人或人类应当对生物或大地自然界负有道德义务或责任”(利奥波德著《大地伦理学》)。人类应该把环境资源作为虚拟的人来对待，环境资源不仅给予，而且应该享受来自人类的维护和保护的权利，环境资源与人类是平等的，如果不建立这样的生态伦理意识，人类早晚要为破坏环境付出沉重的代价。

生态伦理道德使我们重新认识人与自然环境的关系。环境生产、人的生产和物质生产之间的内在逻辑关系决定必须把环境资源纳入经济核算系统之中。如果把地球看成是一个动态的、整体的系统，那么它可以分为三个子系统：人类社会子系统、经济子系统和环境子系统。三个子系统相互影响、相互制约，并体现为相互联系的三种生产——环境生产、人的生产和物质的生产。环境、人和物质生产三者之间存在一定的逻辑关系，具体表现为：世界的发展过程是由环境生产、物质生产和人的生产相互适应、协调发展而成的，人类自身的生产是带动和结合环境生产和物质生产的枢纽，同时又依赖于后者；物质生产需要环境生产和人的生产的产品如资源和劳动的持续投人。环境生产作为最基本的生产过程，为另外两者的生产提供基本物质基础，并最终决定人和物质生产的最大可能产出。可见，环境系统在整个地球系统中处于基础和支配地位，人类在创造物质财富的过程中必须坚持与环境系统的协调，才能获得持续发展，否则将会受到自然环境的惩罚。正如恩格斯所指出的：“我们不要过分陶醉于我们人类对自然界的胜利。对于每一次这样的胜利，自然界都对我们进行了报复。……因此，我们每走一步都要牢记：我们统治自然界，决不像征服者统治异族人那样，决不像站在自然界之外的人似的——相反地，我们连同我们的肉、血和头脑都属于自然界和存在于自然之中，我们对自然界的全部统治力量，就在于我们比其他一切生物强，能够认识和正确运用自然规律。”。由此可知，环境资源作为环境会计的核算对象，纳入经济核算系统之中，这是自然规律作用的必然结果。

总之，劳动价值理论和效用理论共同构成了环境会计计量理论的基础。

将环境资源纳入经济核算系统之中，这既是自然规律作用的必然结果，也是大势所趋，积极响应国家建立环境会计的政策是每一个公民不可推卸的责任。

第三章　环境会计制度构建的动因、确认与内容

第一节　构建环境会计制度的动因

在构建环境会计制度时，一个重要的理论基础就是其基本理论框架，其内容主要包括：环境会计制度构建的动机及其定位、目标、建设、确认、原则、计量、报告，以及构成内容等。其中，环境会计制度在整个环境管理信息当中的功能与作用，将由实务定位进行清晰的界定；而环境会计具体事项的研究基础，则由假设和原则确定。与此同时，其也为研究环境会计技术和方法的实务操作提供前提条件。

麦克·李克斯（英格兰和威尔士特许会计师协会前主席）曾经指出：环境为我们的自然财富。在环境的挑战之下，包括财务报告、审计、税收，以及管理会计在内的各个方面均会有变革发生。无论是在公共部门服务，还是在工商业中工作，抑或是国外或者国内工作的会计领域的成员，均会受到变革的冲击。而会计、组织和环境有着极为密切的系统联系，是产生这种变革的主要原因（图 3–1）。

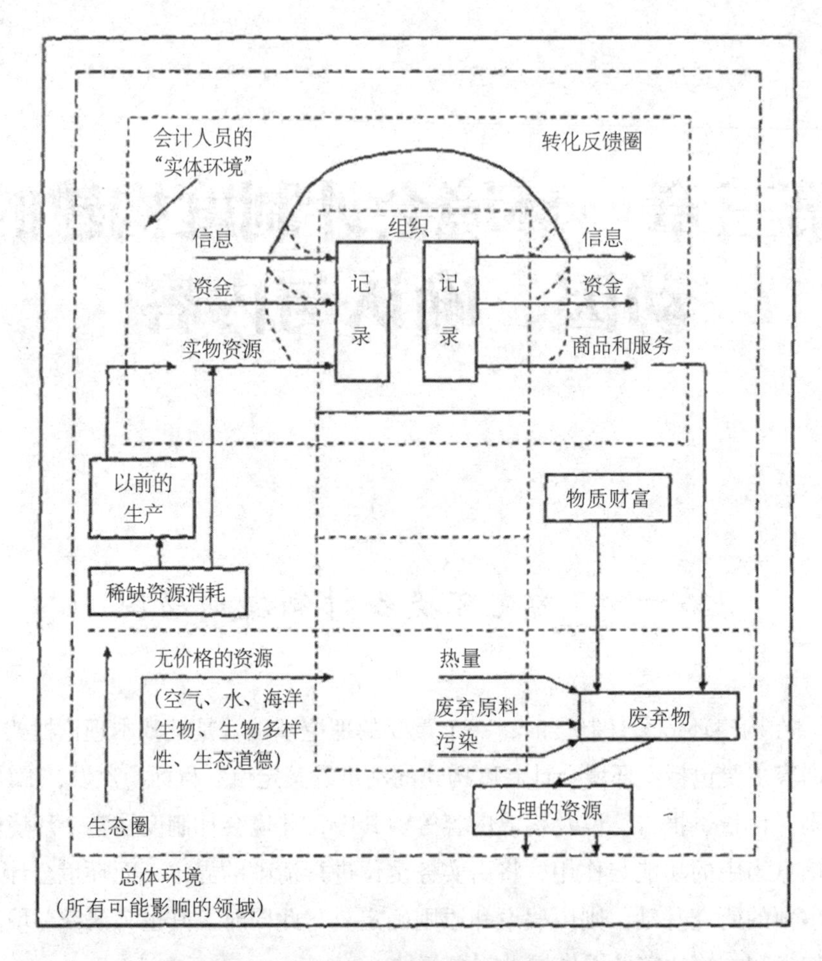

图 3-1 会计、组织与环境的系统观点

如图 3-1 所示，从更为广阔的系统角度对会计活动加以审视。

一、从“组织”进行审视

先从最小的虚线框，也就是“组织”开始看，会计人员的记录，是由三方面的流入(借)，以及三方面的流出(贷)构成的，并且可通过实物资源、服务、商品，以及资金（所有的收款及付款）、信息（如提供给债权人、所有者）来表现上述这些流量，可将这些组织理解为会计人员所有的财务报告活动，以及账簿记录。

二、“组织”框图向下延伸进行审视

顺着“组织”框图向下延伸后发现，环境会计制度其实就是一张相互作用的复杂网，其通过生态圈来获取某些不具有价格的物质（如空气等），以及具有价格的物质（如原材料等）来创造物质财富，而这一过程一般都会破坏生态圈的平衡。也就是说，人类在创造人造资本与相应的物质财富，以及消费福利的过程当中，也会制造大量的废弃物，而这些又会都回归到生态圈当中。由此很容易看出，因为传统会计模式没有确认这些相互作用的影响的功能，所以这些废弃物回归到生态圈的问题就被忽视了，具体表现在以下几个方面：

第一，企业并没有对开展再生收回利用，以及治理废弃物需要花费的环境成本进行单独的核算。

第二，企业并没有将自己面临的环境风险揭示出来。

第三，企业没有对违反环境法律与法规，以及清理被污染的土地的负债进行确认。

第四，企业没有在资产评估、投资，以及负债等事项当中，对环境影响所带来的负面变化进行评估。

而构建环境会计制度，则是为了有效弥补传统会计的缺陷，即弥补过去会计核算认为企业是一个营利性的经济组织，而不是一个社会性组织的缺陷，并且开始从环境影响的角度来考虑问题。

如果从系统的角度来分析环境会计，其至少能够在以下环境管理当中起到作用：

1. 考虑环境因素的投资评估。

2. 对环境改善措施的效益与成本进行评估。

3. 对环境或者风险、负债进行核算。

4. 对和环境相关的成本或者费用进行核算，与此同时，以一定的标准为依据予以费用化或者资本化处理。

5. 对关键领域（环境保护、能源以及废弃物等）进行成本效益分析。

6. 对以数理化数据和货币数据相结合的形式，来表示负债、资产与成本价值的会计技术进行开发。

第二节 环境会计制度的确认、计量与报告

企业财务状况和经营成果会受到环境问题的影响，需要通过环境会计制度的运动来对外提供相关的信息。显而易见的是，这里是有一个信息确认、计量和报告的加工环节存在的，而这也构成了环境会计信息系统的三个核心规则。

一、环境事项引发的会计核算问题

在生产经营过程当中，因企业常常会损害或者影响环境，所以从法律或者道德的角度来讲，企业需要为此付出代价，在这种情况下，环境问题就会在很大程度上影响企业的经营成果与财务状况。如图 3–2 所示，为财务目前的各种表现形式。

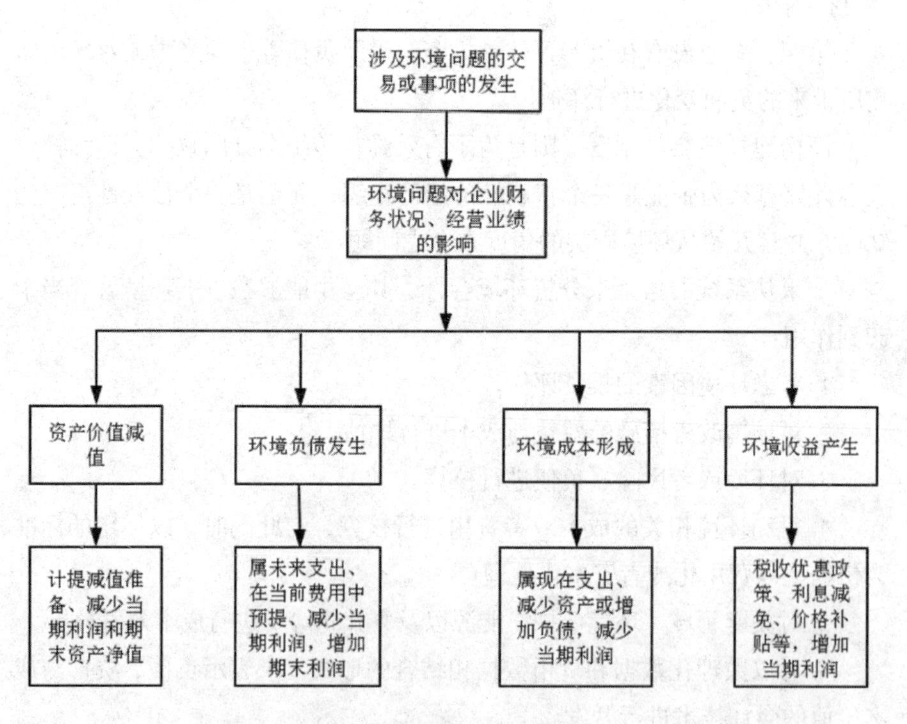

图 3–2 环境问题的财务影响

由上图可知，环境问题的财务影响，主要发生在四个方面，即资产价值减值，以及环境负债、成本与效益。

第一，资产价值减值指的是被污染的土地、带有严重污染的机器设备、含有放射性物质的存货与有毒化学物品等。由于需要另外支付很多清理、处理、改良等费用，因此，会造成本身的价值发生减值。

第二，环境污染未来支的和预提是产生环境负债的主要来源，而这在受政府规定期限治理的情况下表现得更为突出。

第三，环境成本支出指的是企业为了治理和预防环境污染所发生的费用，具体包括：监测支出、罚款与赔偿、环境管理费用、污染清理费用、排污费等。

第四，环境效益指的是通过治理环境而获得的收益，包括利用“三废”所产生的产品收入，以及享受的税收优惠。另外，还包括政府对企业环境污染治理工程的财政补贴、环保贷款的利息节约等。

其中，前三个为企业需要履行的一种环境责任，而这些会使当期利润减少，而第四项则是企业进行环保活动所获得的收益，其能够使当期利润增加。

在对环境事项所引发的会计核算进行总结后发现，人们可对企业财务状况和经营成果这两方面进行归纳总结，具体表现如下。

（一）环境事项对企业财务状况的影响

1. 对静态的财务状况（负债、资产与所有者权益）的影响

负债方面的主要体现为：因我国现行的环保法规规定企业必须要治理生产经营活动当中所产生的污染物质，因此，只要生产经营活动对生态环境有了恶性的影响，就必须要为此形成真实的确定性负债，抑或是或有负债。

对于资产方面的影响，主要包括：新增环保固定资产用在环境保护方面，造成的环保固定资产与无形资产价值减损，以及因环境问题的存在而对企业其他资产产生影响等。

2. 对动态财务状况（营运资金或者现金流动）的影响

对动态财务状况的影响主要体现为：企业在治理污染方面所形成的某种收益；因对环境所造成的污染，而应当交纳的罚款、赔偿及排污费等。

（二）对经营成果的影响

企业所发生的各种不同的环境问题对经营成果的影响，主要体现在两个方面，一个为支出（包括损失、费用），另一个为收益。

1. 环境问题引发的有关支出

企业支出的具体形式，主要包括：现有资产价值减损的损失、恢复支出、污染清理支出、环境管理费用、停工损失、排污收费、环境检测费用、无污染替代增支、罚款与赔付等。

2. 环境问题引发的收益

环境问题引发的收益常见的形式，主要包括：从政府取得的环保补助或价格补贴、环保机会收益、从环保机关或者国有银行取得低息（或无息）贷款所获得的利息节约，以及利用“三废”生产获得的税收减免等。

二、环境会计制度的确认

会计确认指的是，筛选、确定，并且接收经济活动的数据，在账簿、会计凭证上正式记录下来的过程。经济业务产生的经济数据是不是能够进入，什么时候能够进入会计核算系统，抑或是归集到哪个要素中，都需要经过确认这个程序，只有这样，才能够使会计信息对各级使用者决策的需要有帮助得到保障。

环境会计制度想要对外披露的信息进行设计，就必须要考虑信息系统的构成，也就是说，将确认当作实践工作当中计量、记录，以及报告的前提而存在。

环境会计的确认可看作是会计人员以环境会计工作自身的特点，以及一定的标准为依据，来对哪些环境经济业务在什么时候，以什么方式纳入环境会计信息系统的一系列工作加以确定，而这自然而言的关系到环境会计信息系统应当输入、收集何种信息，以及对外报告与传递的信息的内容与性质。

分析环境会计确认的基本程序，具体包括以下三点：

（一）对环境会计业务和事项的认定是环境会计确认的核心问题

环境会计确认，即对环境会计内容的认定，此种认定共包括三项基本要素，具体如下。

第一，企业当中的哪些事项和业务是需要环境会计考察的对象，也就是说，是不是和环境问题是相关的。

第二，这种事项和业务在什么时候发生，又应在何时将其纳入环境会计信息系统当中，抑或是在哪一期的环境报告当中给予列报。

第三，此种事项与业务引起了哪种后果与影响，抑或是归入到哪一种环境会计要素当中。

与一般会计事项和业务的认定相比，环境会计的确认还是有一些相同点和不同点的。

相同之处在于：两种会计都具有权责发生制与收付实现制这两个确认基础。

不同之处在于：环境会计业务与事项主要涉及的是环境问题所引发的企业经济利益流入、流出的变动，并且其和企业环境负荷的变化密切相关。通常情况下，其具有两种确认类型，一种为法规性确认，另一种为自主性确认。但是，一般会计并不是这样的。

人们可对环境会计特有的两种确认进行如下分析。

1. 法规性确认

其指的是，企业以国家有关环境保护的法律、法规，以及标准、制度为依据，分析其对企业经营成果，以及财务状况所带来的影响，即在环境保护活动的过程当中进行的会计确认。

2. 自主性确认

此种确认指的是，企业以自行确定的环境目标为依据，来管理自身活动对环境所产生的影响，为了使环境目标的要求实现而进行的资金投入、使用，以及产出等方面的会计确认。

因国家已经制定了比较严格的环境保护法律法规体系，而这也将环境责任的原则充分地体现了出来，从而使得企业自身活动如果对生态环境造成了损害，那么就必须要以污染之后的恢复支出来作为补偿与赔付的费用。需要注意的是，治理污染的成本通常会比预防成本高很多，因此，企业最好以预防为主作为自己的原则，并在生产过程当中形成一些和环境保护相关的企业自主性支出，主要包括：无污染材料替代增支、清洁生产专项投资、污染现场清理费用、研究与开发费用，以及现有资产价值减损等。

（二）环境会计确认的最终目标是确定对外报告中的列报内容

环境会计的确认工作可分三个环节，即初步确认、再确认与最终确认。

1. 初步确认

这一环节主要是将那些有关于环境的会计事项在什么时候，做哪种记录确定下来，其中包括计入何种账户，以及做何种其他的记录。

2. 再确认

这一环节指的是，为了将企业的环保经济效益与环境业绩准确地确定下来，应以会计上的基本确认标准要求为依据，对已经在前期计入资产，或者负债等会计账户的事项做一甄别与分摊，并对归属在本期的收入和费用做期末调整。

3. 最终确认

这一环节指的是，期末确定环境会计报告列表的方式，以及内容。

（三）环境会计确认必须按一定的标准实施

依照环境会计假设与基本原则，以及严格的标准加以确认，使得最终披露的环境会计信息具有可比性、统一性有了基本的保证。环境会计确认在理想的状态之下，应当直接以具体的会计制度（或者会计准则），并辅助译环境保护准则等作为依据。

需要注意的是，由于环境问题的准则和复杂性，以及制度的原则性，导致环境会计人员的职业判断也是非常重要的。如果在无明确的制度和准则的情况下，那么就会更加需要会计人员良好的职业判断，以及对环境会计理论的深入理解作为支撑。

三、环境会计制度的计量

环境会计计量指的是，量化环境会计事项所确认的结果。也就是说，在环境会计确认的前提之下，依照特性，并按照一定的计量单位和属性对其业务和事项进行数量和金额认定计算，以及最终确定的过程。

环境会计计量使用的计量形式包括：货币计量和非货币计量。其中，前一种计量形式主要用于环境事项以及业务所引发的财务影响；而两种形式共同使用的情况则是对环境绩效的计量。原因在于，很多环境事项和业务，虽然采用的是资金方面的经济运作，但是，产出的却是环境保护效果的提升，因而，只能选择用实物、技术的计量形式来表达，所以采用两种形式相结合的形式，对揭示某些环境活动的过程与结果是很有帮助的。

虽然环境会计有很多种计量，但是，它们都会有一个显著的特点，那就是其可分为三个层次，具体为：货币计量、物量计量与文字说明。

（一）货币计量层次

货币计量层次指的是，在计量企业环境活动时，以货币作为计量单位，主要包括：企业发生的环境成本、负债、效益及资产的确认计量，这和一般的财务会计模式是相同的。

（二）物量计量层次

物量计量指的是，采用化学或者物理单位来进行环境负荷的计量，并对企业环境保护活动的结果是不是达到国家环境标准的要求进行评判。比如，企业排放废弃物的数量和质量指标，全部都是用物量单位进行计量的。由于这些税局能够将企业以货币计量的环境成本投入的效果反映出来，与此同时，还能够将和国家相关环境标准存在紧密的对应关系反映出来，因此，还是比较适合将其纳入环境会计的范围之内的。

（三）文字说明层次

文字说明层次指的是，阐述不能够进行计量的企业环境活动，并将其提供给外部。将企业对国家环境保护法律法规的遵守情况揭示出来，则是其最主要的内容，具体包括：企业的环境政策和方针、环境认证、环境管理体系的构筑等。

环境会计的这三个层次都有一个特点，那就是各个层次计量的内容可通过某种形式变换为相互贯通，也就是说，三个层次的界限划分并不是绝对的。由此可见，环境会计计量层次之间的相互联系，很好地证明了环境会计核算内容的复杂性和广泛性，如果将其合在会计报告当中加以披露，将对信息揭示的完整性有帮助。

四、环境会计制度的报告

在环境会计制度的功能定位当中，已经将其信息披露的方式划分为三类了。

第一，为将部分内容纳入企业环境报告当中并进行揭示，主要披露的内容包括：企业环境成本投入和环保效果、环保经济效益的产出情况，并对企业在资金方面开展环境保护活动的业绩加以说明。

第二，依照现行会计准则的要求，将一部分环境会计信息内容纳入企业财务会计报告当中并进行披露，主要披露内容包括：环境事项，以及业务对企业经营成果与财务状况的影响。此类报告比较侧重于使用货币计量的形式。

第三，编制单独的环境会计报告，采用货币、物量数据以及文字说明的方式，从两个方面进行信息披露，即外部与内容环境会计。

下面将对单独环境会计报告的内容进行介绍，其范围如下所示。

（一）企业环保目标、环保方针及环境管理体系

企业环保目标、环保方针，以及环境管理体系的内容，主要包括以下几项：

第一，企业自主确定的环保目标以及实施步骤。

第二，产品设计、生产、污染治理的环保措施。

第三，环境管理计划，以及监控活动。

第四，企业正在建立，抑或是已经建立起来的环境管理系统。

（二）环境财务会计方面

环境财务会计方面的内容，主要包括以下几项：

第一，企业环境成本的支出情况。

第二，对本企业财务状况有影响的环境问题的类型以及性质。

第三，企业环保方案、对策对资本支出，以及现在和未来期间的经营和财务方面的影响。

第四，企业环境资产以及环保收益的增减情况。

第五，企业环境负债的确认数额。

第六，重要的环境或者有负债揭示。

第七，与环境影响相关的财务补贴、税收，以及环境罚金等的增减变动。

第八，环境会计报表中的附注说明。

（三）环境管理会计方面

环境管理会计方面的内容，主要包括以下几项：

第一，企业选择的环境管理会计的方法体系。

第二，环境成本投入和环境绩效的获取情况。

第三，企业采用的主要环保政策方案，以及执行运转情况。

第四，企业环境负荷减少的达标情况。

第三节 环境会计制度的构成内容

截止到现在，国内外与环境会计制度相关的构成内容，并没有一个统一的标准。因此，这里只能够以联合国以及国际会计师相关结构，以及国内外会计职业团队的一些建议为依据，并与中国会计制度的惯例相结合，来完成相关构成内容的设计。目前，公认的一种比较好的选择，就是先从理论方面对环境会计的内容进行基本分类，然后，以分类标志作为依据完成环境会计制度的构成内容的构建。

一、环境会计内容的基本分类

如果从会计本质的属性出发，通常情况下，现代会计需要完成以下两项基本任务：

（一）体现其反映的职能

这项任务具体来讲，就是对企业经营活动的资金运动，以会计特有的理论和方法为依据进行计量和确认。与此同时，也要外部信息使用者提供所需的对决策有用的会计信息。此项任务的目的主要是将企业的财务状况真实、客观地反映出来。一般情况下，被称为财务会计。

（二）体现其控制的功能

此项任务具体来讲，就是重点为企业进行最优决策、提高经济效益服务，以及改善经营管理，这对改善企业的经营业绩和财务状况是很有帮助的。此种具有能动作用的会计，通常情况下，被称为管理会计。

作为现代会计学的两大分支，管理会计和财务会计最大的不同点在于，前者是为了企业内部的经营管理服务的，后者则是为企业外部信息使用者提供服务的，二者相辅相成，使得现代会计有了更加完整的内容。

借助上述分类思想，可将环境会计分为两种，一种为环境财务会计，另一种为环境管理会计。如表 3-1 所示，为两者所具有的不同特征。

表 3-1 内、外部环境会计的不同特征

环境会计内容的分类	利害关系人	会计性质	面对市场	基本内容
环境管理会计	内部：经营者 职工 部门经理等	管理会计	产品与服务市场	环境成本管理；寿命周期成本管理；资本预算
环境财务会计	外部：投资者 债权人 政府有关机构 社区居民等	财务会计	资本市场	环境会计要素确认与计量；环境会计信息披露

因企业经营目标在现代可持续发展战略之下重新进行了定位，所以有了环境会计这一分类。只有将环境保护和追求盈利的关系处理妥当之后，企业才能更好地将盈利目标实现，不然的话，就很有可能受到政府所制定的环境制度的经济惩罚，进而面临限产、停产治理，甚至破产的风险。

显而易见的是，在环境保护方面，企业至少需要完成以下两项任务：

第一，真实、客观地核算企业生产经营给环境所带来的各种影响，以及企业的环保投入，并进行信息披露，即向外界公布企业为环境保护所作的努力。

第二，应扩大环境效果（或者效益）、节约资源投入，充分地运筹各种不同的环保方案，正确将环境成本投入效益比提高。

上述两项任务的实施，使得环境会计有了内部与外部的区别，因此，将环境管理会计的内部环境管理能动性和环境财务会计的对外公布信息的客观性相结合，就构成了一个比较完成的环境会计制度体系。

二、环境财务会计要素的确认、计量、记录与报告

构成环境会计制度的最根本的组件，或者基本因素就是环境会计要素，

与此同时，其也是环境会计对象最基本的组成部分。以经济业务内容以及账户分类的要求为依据，传统会计将会计要素确定为六个，具体包括：资产、所有者权益、费用、利润、负债与收入。其中，资产、负债、所有者权益用于将会计主体在一定日期的财务状况反映出来；收入、利润与费用则主要用于将会计主体在一定时期的经营成果反映出来。

与我国环境会计核算的情况相结合，我国主张设置四个要素，具体包括：环境收益、负债、资产以及成本。如图 3–3 所示，为四个要素之间的关系。

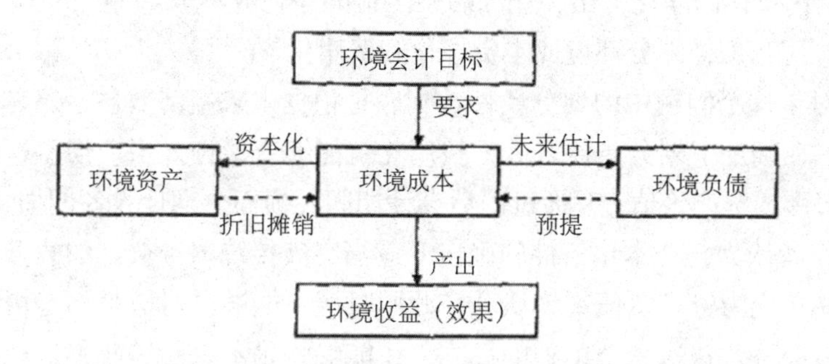

图 3–3 环境会计要素之间的关系

由于环境负债和环境成本的确认和计量问题比较复杂，因此，目前，国内外并没有统一的标准。虽然现状是这样，但是，对这两个要素的探索还是有很多观点的，并且也在持续进行研究。下面将对这两个会计要素处理过程当中的相关问题进行阐述。

（一）环境成本会计处理的问题及难点

在对生产经营和环境保护之间的关系进行处理的过程中，由于企业经常需要为环境污染的预防与净化支出很多成本费用，因此，其会以“环境责任原则”为依据，来管理自身活动对环境的影响。为实施环境管理方案而采取或者被要求采取的行动所付出的成本，被称为“环境成本”。就会计处理来讲，截止到现在，世界各国以及相关国际组织都持有各自不同的观点，其中的焦点主要集中在以下两点：

1. 应当怎样对环境成本核算进行分类

对于这个问题，目前，存在两种最具代表性的观点，具体如下。

第一种观点为：从传统的角度将环境成本划分为两类，一类为环境对策成本，另一类为环境损失。前者主要包括：资源保护活动以及污染的预防、净化需要支付的成本，其目的在于将企业所产生的环境负荷降低，并使其对环境的影响减少，这和企业的正常损益有着非常直接的关联。后者指的是企业由于引发环境污染而支付，抑或是被要求支付给他方的损失，主要包括：赔偿金、罚款以及罚金等。

第二个观点为：从怎样保护环境的角度来对环境成本进行划分，共分为两种：一种为环境破坏预防成本，另一种为环境破坏修复成本。前者主要包括：环境保护研究开发成本、有关于预防污染的设备投资等；后者主要为受污染体的净化支出，比如污染土地的净化成本等。

2. 应当怎样划分环境成本资本化和费用化

对于这个问题中的划分条件，到底是根据未来经济效益，还是环保能力呢？在确定了划分条件之后，费用化就能够直接计入当期损益，而资本化也将形成资产价值，并通过以后会计期间耗损而分期计入各期损益当中。

作者认为，资本化条件的确定，应当突破传统财务会计的收益费用思想，并转变为资产负债观确认。与此同时，不能够只对应是不是可以给未来带来经济效益这一个单独的标志，还能够将是不是能够改善资产保护环境的能力方面来加以确定，比如，预防未来污染投资、减少资产运行的环境污染程度等方面。

（二）环境负债会计处理的问题及难点

环境负债指的是，一种和环境成本相关的，并且在由企业负担的同时，还与负债确认标准相符的债务。环境负债在履行义务的支出金额以及时间不确定的时候，亦被称为环境负债准备。从 1970 年至今，在人们对环境越老越重视的大背景下，世界各国陆续地制定了很多强制性的环境保护法规，并且还强化了国家对企业行为的环境约束，使企业处理环境问题的法定义务逐渐增多。正是在上述大背景之下，才产生了环境负债，并构成了一种对环境现状，或者未来的企业净化责任的会计确认和计量。

环境负债会计处理的难点，具体包括以下几点：

1. 在初始阶段，环境污染的责任人，以及责任人需要承担的环境清理责任比例并不明确。

2. 预计清理支出，以及怎样估计环境负债。

3. 相关补偿的问题。

美国《超级基金修正及再授权法》（Supervened Amendments and Reauthorization Act:SARA）对环境污染净化的两种方法进行了相关规定，并以此为例对上述问题进行了说明。

1. 由潜在的净化责任者自己净化。

2. 由环保署采用招标方式净化，由潜在的净化责任者(Potentially Responsible Parties:PRP_S)负担其净化费用。实际上，这已经明确了未来净化成本的负担主体，也就是环境负债主体。

SARA 规定的 PRP_S 范围如下所示。

第一，受污染设施的现有管理者、所有者。

第二，当时处理有害物质设施的管理者、所有者。

第三，有害物质的输送者。

第四，有害物质的发生者。

需要注意的是，企业净化责任义务，除了一定的法律强制性义务之外，还包括不存在法律义务，或者在法律义务基础之上的推定义务，比如，企业依据优于法律规定标准清除污染，或者出于对商业信誉的考虑而承担的义务。从这一点上看，相较于一般财务负债，确认环境负债的义务范围会更大。

在最初阶段，是以美国财务会计准则委员会（FASB）的第 5 号准则《或有负债会计》和第 14 号解释公报《损失金额的合理估计》为依据，来对环境负债进行会计处理的。其中，前者要求对过去交易或者事项引起的未来支出按照两个要件（即“发生可能性”与“可计量性”）确认负债；后者规定在不能够合理估计未来的支出金额的时候，就应当以最低估计数确认负债。

随着以后 SARA 的颁布执行有了一些新情况出现，美国注册会计师协会 (AICPA) 又发表了 (SOP 96-1)《环境修复负债》，并将环境负债范围的会计处理扩大了，即：

①环境负债还应当包括：由于修复努力增加的直接成本，以及专任修复作业人员的报酬（其中并不包含与补偿相关的诉讼费用，或者为遵守环境法规的日常费用）。

②一定要以现行法规、制度、环境政策，以及预期修复完工所采取的修复技术为基础，来完成环境修复负债的计量。

③一定要依照完成全部修复所需的成本估计额，来进行环境修复负债

的计量。

在计量已经确认环境污染的未来净化成本时，通常情况下，会以环境污染状况为依据，来确认全额环境负债。倘若有保险或者第三方赔付的补偿时，美国证券交易委员会(SEC)、FASB的EITF 93–5公告和联合国国际会计和报告标准政府间专家工作组会议的《环境会计和报告的立场公告》，全部都不支持环境负债总额和补偿抵扣的做法，并且要求两者分别列示。

《环境会计和报告的立场公告》共强调了以下三点：

第一，在大多数情况之下，企业应对有争议的环境负债负主要责任。

第二，除非是法律规定能够抵消，不然的话，不应当从环境负债当中扣除预期从第三方获得的补偿，而应当将其单独记录成一项资产。倘若依照法律规定已经进行了抵消，那么就应当披露环境负债，以及所补偿的各自总额。

第三，不应当从环境负债当中扣除因出售相关财产预期得到的收入，以及修复资产的变卖收入。而主流的观点认为，主要采用三种方法[现值法(无风险利率)、现行成本和在相关经营期间内为预期支出计提准备]进行环境负债计量。

三、环境管理会计的方法体系

在现代会计学体系当中，管理会计是和财务会计处于并列地位的，且重点为企业进行最优决策，以及改善经营管理、提高经济效益服务的企业会计的一个分支。与此同时，其也是企业经济管理活动的重要组成部分之一。

（一）管理会计的内容

管理会计依照现代企业管理的相关决策、控制，以及行为科学理论与成本会计的方法和原则，来对企业及某部分的经营活动进行控制、决策、规划与业务考核。其主要内容包括以下几项：

第一，预算与规划的编制。

第二，成本与销售的预测。

第三，本量利分析。

第四，生产产品、产品成本、存货与销售价格的短期决策。

第五，长期的投资决策。

第六，标准成本会计，以及其他各项技术经济分析。

第七，责任会计等。

上述这些内容以管理的基本职能为依据，还可以分为两大类：一类为规划、决策会计，另一类为控制、业绩会计。

（二）管理会计的特点

管理会计和财务会计相比，共有三个特点，具体如下。

1. 侧重于为企业内部的经营管理服务

管理会计主要是采用灵活多样的方法和手段，重点为企业管理部门进行最优化决策，以及为改善生产经营及时提供有用的会计信息。

2. 综合地履行较为广泛的职能

管理会计的职能已经扩展到将分析过去、控制现在和筹划未来有机地结合在一起。

3. 现代数学方法广泛应用

管理会计开始应用更多的现代数学方法来进行分析研究，并将复杂的经济活动尽量地表述为精确且简明的数学模式。与此同时，还利用现代数学方法（其中包括最优化技术）来对掌握的相关数据进行科学化处理，以此来将相关对象之间的内在联系，以及最优数量关系揭示出来。另外，还具体掌握有关变量联系，变化的客观规律，以便为正确地进行最优决策，以及有效改善生产经营提供客观依据。

（三）环境管理会计和管理会计在内涵方面的相似之处

在内涵方面，其实环境管理会计和管理会计是有相似之处的，只是前者为适应企业经济目标，将侧重点转变为环境管理服务，这源于对严重环境问题开展管理的背景，为促进企业管理由管理会计和环境管理相结合发展而来的。

企业经营者在环境管理当中，需要考虑多个方面的内容，比如，环境项目的投资决策、废弃物控制与治理、资源有效利用，以及环境成本的投入产出效率等，并且还需要对追求盈利和环境保护之间的关系进行认真处理，争取以最少的环境成本投入获得最好的环保效果，以此来践行自己的环境责任。

从内容管理服务、广泛应用数学方法、面向未来决策等方面来讲，两者是具有相似之处的。但是，两者之间还是有一些主要差异存在的，表现为：在现有管理会计系统没有充分确认环境成本，全面考虑投资项目的环境影响，做出环境效果与效益评估，很难为企业提供与可持续性经营目标相关的信息，这样的话，就需要环境管理会计对其做出扩展或者改进。

环境管理会计对环境成本的重要性非常重视，除了包括环境和其他成本信息之外，还包括一些实物流量信息（如水、能源与材料等）。也就是说，其信息更适用于重大环境影响的管理决策，与此同时，其还使用货币计量和非货币计量来对企业环境绩效进行评估，以此来促进经济效率和环境效率的统一，最终，为实现企业经营可持续发展提供服务。

目前，对环境管理会计的概念与内容框架有很多观点，这里主要引用的是联合国的解释，其认为环境管理会计指的是，为了使组织内容进行环境决策与传统决策的需要得到满足，而对环境成本信息、实物流信息（如水、材料与能源流等），以及其他货币信息进行收集、估计与确认，并编制内容部报告与利用其进行决策。除此之外，其还给出了环境管理会计的内容框架（表3–2）。

表3–2 环境管理会计内容框架

环境管理会计			
货币计量的环境管理会计		物量计量的环境管理会计	
过去导向	未来导向	过去导向	未来导向
年度环境支出与成本，从薄记、成本会计中抽出的环境相关部分	货币单位的环境预算、投资评价	材料、能源、水的流量平衡	物量单位的环境预算、投资评价
	项目成本、节约额、利润估计	环境业绩评价、指标标准	可定量化的业绩指标
环境支出、投资、负债的对外揭示		外部环境报告和其他向政府机关报送报告	环境管理系统、清洁生产、污染防治、环保设计、供应链管理等的构筑与实行

（四）从制度层面对环境管理会计的研究

如果从制度层面研究环境管理会计，主要会涉及到以下三个方面：

1. 环保设备投资决策

过去的管理会计对设备投资决策的研究，主要是以经济方面的投入和产出作为标准，其是一种经济系统框架之内的投资决策；环保设备投资决策主要考虑的是环境污染物质负荷的减少，但是，也不可以单纯地照搬一般管理会计的经济产出标准，其考虑环境保护效果和环保经济效益的协调，进而将经济目标和环境目标有机地结合在一起。

2. 环境成本管理体系

环境成本的投入，主要目的是为履行企业环境目标，与此同时，其也是成本管理理论在环保领域方面的拓展，其不同于过去管理会计单纯以经济产量、产品成本为背景的研究。截止到现在，此部分的内容经营初步建立了方法体系，主要包括四种计算方法，具体为：环境成本企划、环境影响寿命周期成本、资源流成本与环境质量成本。

3. 环境绩效评价

环境绩效评价引入了环境业绩信息，并通过对环境绩效指标的计算、分析与研究，来对企业环境目标的履行情况进行判断，并从中找到差距，以及找到能够改善环境业绩的潜力，然后，对改善前后的环境业绩做出相应的对比评价。

围绕上述三个方面的内容，能够构筑与此相关的方法体系。

从产品层面上构筑环境成本企划与全生命周期成本计算方法，其研究范围为产品材料采购、库存、生产，直至销售、回收、废弃等全过程。

从设备层面构筑环保设备的投资决策方法，研究范围为环境效果与环保经济效益。

从生产程序层面构筑资源流成本计算方法，其是以资源在企业内部的流量、流向作为标准，来计算合格品以及废弃物成本，然后引导企业从提高资源利用效率入手，完成生产过程的废弃物数量的降低，并将其转化成为有用资源，尽量达到环保效果和环保效益的统一。

如图 3–4 所示，将上述方法描述在企业生产经营的全过程当中，即为环境会计的方法体系。

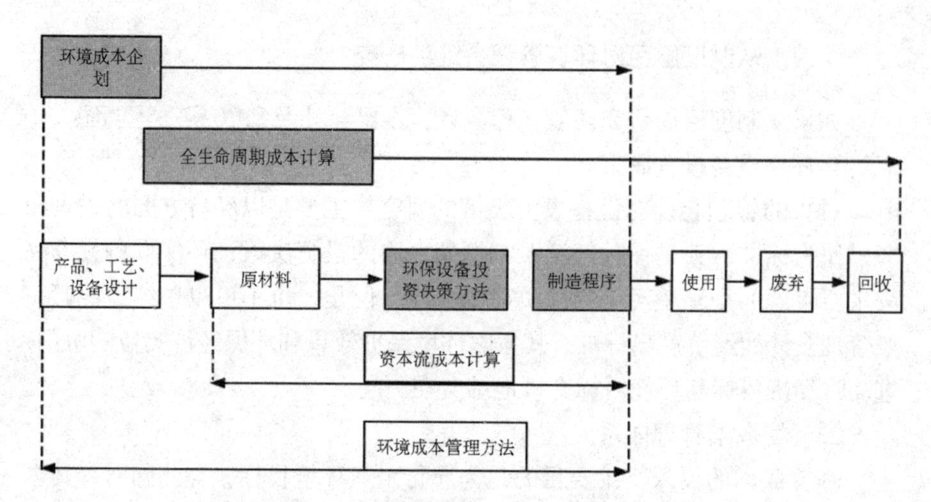

图 3-4 环境管理会计的方法体系

第四章 环境成本与负债核算

在所有的会计业务当中，成本与负债核算都是重要组成部分，环境会计核算也是如此。其中，环境成本在很多方面，例如概念结构、计量确认以及相关的计算方法等各方面，都与一般的成本核算有着很大的差异，因此，环境成本核算本身具有重要的研究意义。环境负债，不同于通常意义上的负债，其核心含义是指人类对于已经损害和消耗的自然资源的一种补偿。无论是在过去还是在现在，在中国还是在世界范围内，人类在环境方面都已经形成了一种实际的，难以回避的“代际负债”，所以，如何确定环境负债，在一定角度上，直接关系可持续发展能否顺利进行。

正是基于上述原因，本章从各个方面对环境成本以及负债核算进行了深入地研究和分析。

第一节 环境成本核算

一、环境成本的含义

从世界范围来看，目前，国内以及国际金融界对于环境成本一直没有达成共识，不仅没有一个公认的环境成本的定义方法，也没有对环境成本的划分标准作出统一规定，因此，目前来说，绝大多数的环境成本的定义是各个国家基于本国国情以及自身的实际情况进行表述的。

根据联合国国际会计和报告标准政府间专家工作组第15次会议的《环境会计和报告的立场公告》对环境成本的定义，环境成本是指“本着对环境负责的原则，为管理企业活动对环境造成的影响而采取或被要求采取的措施的成本，以及因企业执行环境目标和要求所付出的其他成本”，其中，重要组成部分包括，在企业的生产制造过程中，减少废物产生量，提升废物利用量，降低废气排放量，清除废油废料，清除石棉废物，同时在上述基础上开发一系列更有利于环境保护的产品等等。

“改进政府在推动环境管理会计中的作用”专家工作组的第一次会议的报告文件将环境成本广义地定义为“与破坏环境和环境保护有关的全部成本，包括外部成本和内部成本”。而环境保护的成本，指“在企业发生的，预防、处置、计划、控制和改变行为、损坏修复等对政府和人民存在影响的成本”。

加拿大特许会计师协会 (CICA) 的研究报告认为：环境成本包括环境措施成本和环境损失。其中，环境措施成本指某个主体为防止、减少或修复对环境的破坏或保护再生或非再生资源而采取的行动所发生的支出；环境损失则指，某个主体在环境方面发生的，没有任何回报和利益的成本，如因违反环境法规导致的罚款或处罚、因环境破坏支付给他人的赔偿金，或由于环境原因导致其成本无法收回而注销的某个主体的资产。

日本环境厅将环境保全成本定义为：“环境保全成本则是企业为环境保全而付出的投资和费用。”环境保全是指对企业造成的环境不利影响采取降低环境负荷的一种环境保护活动，包括地球环境的保护、环境公害的预防、自然资源消耗的节约及回收再利用活动等。

荷兰国家统计局对环境成本的定义是环境保护的成本，而环境保护的定义是“出于防止对企业的环境造成不利影响的目的所采取的环境行为”。按照该定义，环境成本的范围仅局限于预防环境影响所发生的成本。显然，这种定义的范围比较窄。企业中带来净财务效益的环境活动所发生的成本被排除在外，以保护周围社区住宅安全为目的的行为所发生的成本也被排除在外。

我国会计学界对环境成本的定义也有不同的观点，具有代表性的有：

（1）郭道扬教授以“生态环境成本”的学术思想为基础，认为环境成本主要由以下几个部分构成：

第一，追加投入，具体而言指的是由于生产制造导致的环境恶化而追加的环境治理的投入。

第二，环境治理费用，也就是因为生产制造中的不当行为导致的环境恶化所产生的费用。

第三，在没有经过环境保护部门综合测评以及批准之后，擅自投资某些项目导致的罚款。

第四，环境治理无效率状况下的投资损失和浪费。

（2）罗国民教授认为："环境成本是企业生产经营活动中所耗费的生态要素的价值以及为了恢复生态环境质量而产生的各种支出。"

具体而言，环境成本的主要内容包括：

第一，维护环境所必须的支出。

第二，污染防治所必须的支出。

第三，治理已经污染的环境所需要的支出。

除了上述内容之外，还包括诸多因为人为因素破坏环境导致的损失等等。

（3）陈思维的观点是，"环境成本，是指为控制环境污染而支付的费用以及污染本身造成损失之总和，其计算公式为：环境成本 = 污染控制费用 + 污染损失 = 污染治理费用 + 污染预防费用 + 污染物流失损失 + 污染损害价值"。

（4）朱学义教授认为"环境成本主要包括四个部分：①资源消耗成本；②环境支出成本（环境预防费用、环境治理费用、环境补偿费用和环境发展费用等）；③环境破坏成本；④环境机会成本（资源闲置成本和资源滥用成本）"。

综合前述专家学者的相关知识，不难得出，针对我国社会主义初级阶段的基本国情，我国企业的环境成本的概念具体如下：在企业的生产制造以及发展过程中，企业必然会对自身所在地的周围环境产生一定程度的影响，因此，如何降低企业对环境的影响，尽可能地实现可持续发展，就成为企业在生产过程中的一个重要任务。因此，企业环境成本，从某种意义上来说，就是一种以货币计算的，为了避免污染或者改造污染环境所付出的代价。

二、环境成本的分类

企业的环境成本概念比较笼统，具体而言，根据不同的研究角度，企业的环境成本也有不同。

（一）根据不同空间范围分类

根据当期成本是否应由本企业承担，即从不同的空间范围将环境成本分为内部环境成本和外部环境成本。

1. 内部成本

（1）定义

所谓内部成本指的是企业自身所产生的环境成本。

（2）具体内容

企业的内部成本包括两类：一类是由于企业本身生产制造所需要的环境资源导致的内部成本；另外一类是由于企业为了避免污染环境或者为了改造已经污染的环境所承受的成本。例如污水污物处理设备以及环境治理费用等等。

2. 外部成本

（1）定义

所谓外部成本，指的是因为企业的生产制造活动所导致，但是目前阶段无法计量的成本。

（2）具体内容

外部成本与内部成本最大的不同是，虽然外部成本暂时没有被追究，但是不意味着其与企业没有关系。事实上，很多外部成本都与环境的可持续发展有密切关系，例如，我国很多地区的矿山开采造成的地下水污染以及地下塌方等等。虽然这些外部成本暂时无法被追究，但是也必须由企业承担。

（二）根据不同发生环境进行分类

根据企业所发生环境成本的不同功能，环境成本可分为三类：弥补已发生的环境损失的环境成本、维护环境现状的环境成本和预防将来可能出现的不利环境影响的环境成本。

1. 补救成本

（1）定义

顾名思义，补救成本就是在污染已经构成的情况下，对环境改造以及环境治理所支付的成本。

（2）具体内容

在实践中，补救成本可能补救的是以往导致的环境污染，也可能是近期的环境污染，但是无论是哪个阶段的环境污染，其共同点就是环境污染后果已经产生。

（3）代表例子

“三废”排放，资源过度消耗，等等。

2. 维护成本

（1）定义

维护成本指的是企业维护环境现状，保持目前阶段的环境状况不再恶化所需要的成本。

（2）具体内容

①导致资产增量部分

环境治理设备的引进以及相关部门的设立。

②潜在资产的增量

由于避免污染，有效提升企业的外在形象并且可以有效减少企业由于污染遭受的损失。

（3）代表例子

污水循环系统以及废物处理系统的引进，相关部门的设立，相关人才的引进，等等。

3. 预防成本

（1）定义

所谓预防成本指的是为了避免对环境产生影响而主动支出的一系列成本。

（2）具体内容

①资产增量部分

例如改善产品环境的相关设备的购置。

②潜在部分

例如生产人员环保意识的提升，减少相关资源消耗，进而有效降低企业的生产成本。

（3）代表例子

针对相关人员环保知识的培训，环保设备的改造和引进，等等。

（三）根据成本发生的时间进行分类

根据环境成本发生的时间分类，环境成本可分为当前成本与未来成本。

该部分成本与历史经营、现阶段经营以及未来阶段的经营密切相关，如表 4–1 所示，目前来说，根据环境成本的会计处理与其实际发生的时间吻合性，又可以将其分为：对过去环境成本的当期支出、对当期环境成本的当期支出和对将来环境成本的当期支出三类。

表 4–1 从时间角度对环境成本的划分

		生产活动		
		历史	现阶段	未来
成本	现阶段	对历史的经营活动导致的环境破坏进行整顿所产生的成本①	在现阶段的环境保护工作中的支出②	为了保护环境，而采取的一系列的预防措施③
	未来	根据过去的经营活动的历史经验和教训，而预测出未来可能会产生的一系列的成本，例如，过度开采煤矿导致的地下水枯竭以及地面塌方的预防成本等等	在目前的生产以及相关流程过程中，为了减少环境污染而采取的技术革新等产生的成本	在现阶段的基础上，结合历史经验，进而对可能产生的环境污染作出预测，为了避免这些污染而投入的成本

对历史环境成本的当期支出（①），是指在本次会计周期内，为了弥补历史阶段所造成的环境污染而产生的费用。例如，当相关的、具有追溯效力的环境法规或者会计法规正式施行的时候，由于某些企业的环境保护设备落后，就必须为历史阶段所产生的一系列的环境污染支付费用。

对现阶段环境成本的当期支出（②），指的是为了清理现阶段的环境污染，或者为了补偿相关的资源浪费以及环境损失所支付的一系列费用。

对将来环境成本的当期支出（③），指的是在现阶段的基础上，结合历史经验，进而对可能产生的环境污染作出预测，为了避免这些污染而投入的成本，在某种意义上，这部分成本其实属于企业的环境准备金。

（四）根据环境资源流转平衡理论进行分类

根据环境资源流转平衡理论，即企业通过对自然资源的获取和向环境系统排放两个界面层次上对环境成本进行分类。

根据环境资源流转平衡理论，可将环境成本划分为四种类型：

1. 事后的环境保全成本

常见的是，企业生产完毕之后对于相关的废弃物的处理所产生的成本，常见的有废水废弃物处理设备的购置所产生的费用，废旧物资回收所产生的费用等等。

2. 事前的环境保全预防成本

意思是在企业的制造、生产以及一系列的经济活动过程中，为了避免环境污染、降低环境成本所采取的一系列的措施，常见的如选择相关的环境负荷低的原材料、建设相关的水循环系统、提升产品的耐用性以及废弃物的处理力度等等。

3. 残余物发生成本

顾名思义，指的是企业生产资料没有被完全利用所产生的一系列的成本，具体表现形式就是废水以及废弃物等等。

4. 不含环境成本费用的产品成本

意思就是从相关的生产资料的消耗成本中扣除其中的环境成本之后所产生的一系列的成本。具体包括的是材料、零件以及由此产生的一系列人工以及管理费用等。

结合我国企业的实际情况，我国企业的环境成本的成本项目主要可分为以下五类：

（1）环境保护运行成本

意思就是在企业的合理经营范围内，在保证企业正常运转的前提下，为了控制企业对环境所产生的污染和影响而导致产生的一系列的成本。具体包括以下内容：

第一，相关环保设备的引进。

第二，对废弃物的治理费用。

第三，废弃物的回收以及再利用费用。

（2）环境管理成本

指的是在保证企业合法经营过程中，为了保护环境而产生的一系列成本。主要包括以下几方面内容：

第一，环境管理体系运行的费用（包括 ISO 14000 认证费及每三年的评审费等）及一系列的审计成本。

第二，对环境信息的宣传支出。

第三，相关的污染检测费用。

第四，对企业工作人员的环保宣传教育费用。

第五，美化生产环境的费用。

第六，企业发生的环境污染诉讼费、预防费、保险费、排污费、许可证费用、企业计提的环境保护资产（包括环保用固定资产、无形资产、长期投资中股权投资及其他资产）的减值准备和环保无形资产计提的摊。

第七，相关的环境保护设备购置以及相关的环境保护工程建设之后的贷款利息等等。

（3）环境研发成本

指的是企业为了保护现有环境、降低可能产生的环境污染所采取的一系列的措施。主要包括以下几个部分：

第一，相关的环保技术的研发费用。

第二，为了减少生产过程中的环境污染所花费的费用。

第三，其他为了减少环境污染所产生的费用。

（4）环保采购和销售环节成本

指的是企业在生产资料采购以及产品销售两个环境过程中，为了减少环境污染所产生的费用，主要包括以下内容：

第一，给产品提供环保服务所发生的费用。

第二，为产品提供环保包装所产生的一系列费用。

第三，采购环保材料与普通材料的差额。

第四，采购环保服务与普通服务的差额。

第五，在运输过程中所产生的环保费用。

第六，对产品的收集以及再利用的费用。

（5）环保其他支出

指的是企业内部为了保护环境所产生的其他损失。主要包括以下内容：

第一，交纳的一系列的环境资源费用。

第二，由于污染环境所产生的一系列损失，例如为了避免环境污染所产生的一系列的停产整顿损失等等。

第三，其他环保损失等等。

三、环境成本核算的内容

环境成本核算主要包括以下内容：

1. 分析本企业环境成本流程

所谓环境成本流程，其核心含义就是环境成本形成的具体过程以及涉及的相关环节。

分析企业环境成本流程，不仅是为了确定环境成本的具体来源的环节，更是为了确定环境成本的产生原因，进而有的放矢地解决相关的污染问题，从而有效降低环境成本。

2. 确定环境成本计算对象

在实践过程中，确定环境成本计算对象的最主要的方式就是确定环境成本动因。

除了环境成本动因之外，还可以以成本的发生地点，以及责任主体作为成本计算对象。

3. 确定环境成本计算期

成本计算周期可以是年、月、日，一般来说，为了方便相关的审查以及申报，一般是以相关的会计工作周期作为成本计算期。除此之外，还可以根据实际需要以及企业的实际生产情况来确定环境成本计算期。

4. 确定环境成本核算方法

环境成本核算的方法根据企业以及相关产品，乃至由此产生的环境污染有所不同。

5. 编制环境成本报告

目前而言，我国没有统一的环境成本报告规定，但是在具体会计实践过程中，可以按照污染来源以及环境成本进行报告，也可以按照相关部分或者相关项目进行报告。

四、环境成本的确认与计量

（一）企业环境成本的确认

环境费用，从全局角度上说，是企业为了履行相关的环境保护责任，为了降低企业在生产过程中所产生的一系列的环境污染，乃至为了治理这些污染所需要的费用。

在实践中，环境费用一般分为环境成本以及环境期间费用两个大类。

环境成本一般指的是由于采用某种产品或者服务而产生的各种消耗，例如相关设备的折旧费用、维修费用、改造升级等等一系列的费用。

环境期间费用，例如相关的机构管理费用，在实践过程当中一般被划入同时期的企业损。

实务中，环境成本的发生有多种情况，因此将哪些列为环境成本需要进行判断。在环境成本确认流程中(图4–1)，依据上述分类应充分考虑其不同空间(内部、外部环境成本)、不同时间(过去、当期、未来环境成本)、不同功能(弥补已发生的环境损失、维护环境现状支出、预防未来可能出现不良后果的支出)的环境成本支出，并采用权责发生制和历史成本原则进行确认。

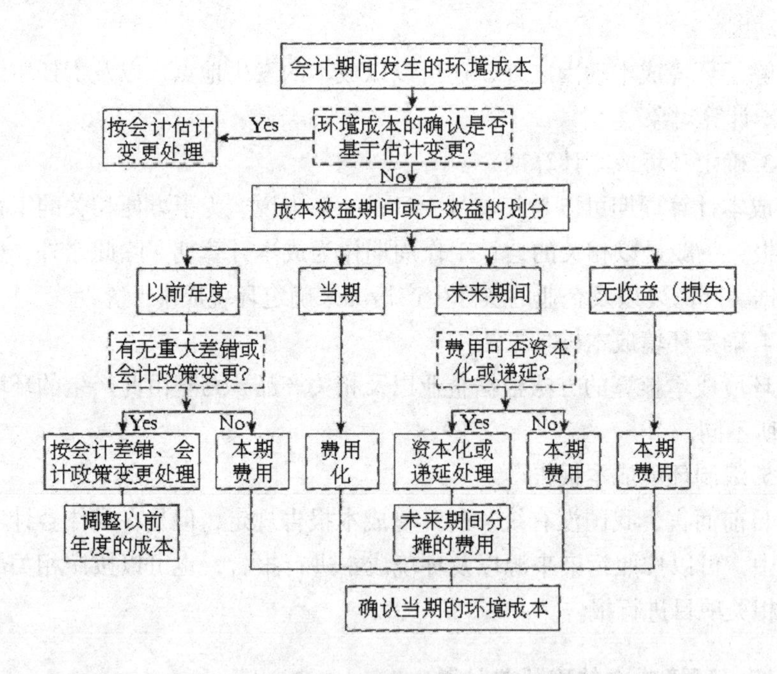

图4–1 环境费用确认的流程图

根据图4–1的流程，环境成本可分为几个方面予以确认：

1. 按会计估计变更判断标准确认

由图4–1可见，确认环境成本先要判断其是否依据会计估计变更而来。

在实践过程中，环境成本具有很强的可变性。尤其是在近年来，可持续发展以及集约型发展日益深入人心，中央以及各级地方政府对于环境保护以及污染治理的力度日益加大，因此，企业的环境保护设备的折旧年限以及更新换代年限必然也会不断缩短，折旧会导致相应产品的增加。

2. 对治理过去年度或当期环境污染而发生的环境成本的确认

在实践过程当中，这一部分的环境支出应该严格区分现阶段以及以前的费用。

一般来说，整个处理过程分两步进行：

（1）先按判断标准分析是否存在会计政策变更或重大会计差错。

①会计政策变更

一般来说，会计政策变更可以通过以下标准进行判断：

第一，相关法规是否发生变化。

第二，企业环境是否发生巨大变化。

②产生重大会计差错

重大会计差错是指企业发现的使公布的会计报表不再具有可靠性的会计差错。

判断其是否归属为重大会计差错，不仅要考虑所涉及的金额，而且要考虑其性质。例如，本年度发现上一年度漏记环境保护固定资产折旧 15 万元，则上一年度虚增净利润 10.05 万元 [150 000 × (1 - 33%)]，则需要在本年度对该项会计差错进行更正，并应在报表附注中另行说明。

（2）根据会计判断，然后按会计政策变更或会计差错的处理方法调整以前年度的成本。要求企业将新制度追溯到该环境事项发生的最早期间，视同该政策和方法一开始就采用。因为当具有追溯效力的新环境法规或会计法规生效时，会带来对企业以前年度损益的调整。为未来的活动而在当前发生的环境成本，根据其受益期间的长期性、短期性对其进行资本化或费用化处理，与一般会计处理相同。

为了进一步说明，现举例如下：

假设某企业 20 × 3 年度环境成本业务如下：

(1) 该企业 20 × 0 年购置一台原值为 8 000 元的治污设备，残值为 600 元，估计使用年限为 8 年。20 × 3 年由于该设备自身受到环境污染，将预计使用年限由原来 8 年缩短为 6 年。根据图 4–1 的确认流程图，此类业务已使环保固定资产折旧成本发生会计估计变更，应按会计未来估计法对其进行会计估计变更处理。

（2）20×3 年发生消除过去长期堆积的固体废弃物的费用 500 元；当年支付排污费 2 300 元，又由于超标排污受到环保部门罚款 1 000 元，对周围居民的损害赔偿 2 200 元；环境监测费用每次 200 元，当年共进行了 4 次环境监测；生产过程中发生的废水净化运营费为 1 230 元；当年发生环境公益广告费 4 200 元，厂区绿化费用 5 260 元；当年有两个环境保护建设项目，已进行投资 1.89 万元。

由上述内容可知，环境成本主要有以下两个大类：

（1）历史阶段的生产经营所产生的成本，也就是在治理过去的污染后果以及消除现阶段的污染后果所发生的费用 500 元，由于该环境成本业务会计政策不变，也无重大会计差错，因此这笔费用进行当期消化，计入本期费用。

（2）对当期产生影响的环境成本，即治理当期污染发生的成本：当年支付排污费 2 300 元；当年发生的环境监测费 800 元 (200×4)；生产过程中发生的废水净化运营费为 1 230 元。这些环境成本在当期费用化。

3. 成本效益将在未来体现的环境成本确认

对于未来期间发生效益的环境成本，可根据 ISAR 在《联合国国际会计报告标准：环境成本和负债会计与财务报告 (1998 年)》中的具体规定加以确认。其确认的基本要求如下：

（1）环境成本的确认方式：资本化还是费用化

ISAR 认为，如果符合资产的确认标准，就应将环境成本资本化，然后在当期及以后各受益期间进行摊销；否则，应作为费用计入当期损益。

在实践过程当中，环境成本一般要计入本会计工作周期的损害，例如，相关设备取得之前对环境产生的危害；前期发生、现在需要予以清理的事故或其他活动；对前期处置财产的清理；处置或处理前期发生的危险废弃物的成本。

在实践过程中，如果环境成本与企业今后将要以下列方式取得的经济利益有着直接或间接的联系，就应当予以资本化：

①对企业的其他设备或者资产的提升，尤其是有利于企业的安全生产以及生产效率的提升。

②减少未来的环境污染产生的可能。

③有利于可持续发展的进程的加剧。

资产的定义表明，如果企业发生的一项成本将在未来带来经济利益，那就应该将其资本化，并在利益实现时计入当期损益，因而，符合上述标准的环境成本应予资本化。此外，将出于安全或环境原因发生的成本以及减少或防止潜在污染以保护未来环境而发生的成本予以资本化是恰当的。尽管这些成本可能不会直接产生经济利益，但是，企业为了从其他资产中获得或持续获得经济利益，发生上述成本是必要的。

由于环境成本不能直接产生经济效益，但是可以从长远角度上降低企业成本，因而应作为费用计入当期损益。例如，上例中成本效益影响期间在未来的环境成本，即具有未来治理功能的预防性费用：当年发生环境公益广告费 4 200 元，厂区绿化费用 5 260 元，这些费用的支出在未来不会形成资本，因此在本年度将其进行费用化；而当年对环境保护在建工程进行的 1.89 万元投资，这笔预防性支出在未来会形成资产，应该进行资本化。此外，当年由于超标排污受到环保部门罚款 1 000 元和对周围居民的损害赔偿 2 200 元，由于其环境费用支出并不会带来任何收益，它只是企业由于污染环境受到的惩罚，属于无收益类环境成本，计入本期费用。

（2）环境成本资本化的确认形式：单独确认还是合并确认

ISAR 认为，当一项可以确认为资产的环境成本与另一项资产有关，它应当作为其他资产的组成部分而不单独确认。

在实践过程中，企业的任何一项资本都不是独立的，自然，任何一项成本都不会单独带来一项单独收益，其未来收益必然会存留在另外一项企业资产当中。

例如，清除建筑物中的石棉，这项工作本身并不产生未来经济收益或环境收益，受益的是建筑物，因而，石棉清除成本被确认为一项独立的资产是不合适的。又如，一台能清除大气或水污染的机器，它是能够产生特定或单独的未来利益的，因此，可以将其作为资产单独处理。

（3）环境成本资本化后的减值

ISAR 认为，当一项环境成本作为另一资产的价值的一部分时，应对这一资产进行评估，看其有无减值，如已减值，则应将其减计至可回收价值。在某些情况下，资本化了的环境成本计入相关资产后，会导致资产的成本高于可回收价值，所以，应对这项资产是否减值进行评估。同样的，被确认为一项独立资产的环境成本也应就其是否减值进行评估。与环境因素有关的减值的确认与计量所采用的原则，尽管与其他形式的减值相同，但其不确定性更大，特别是环境污染对相邻资产所产生的“减值”影响，应当予以考虑。

4. 无效益的环境成本确认

按照会计学对成本一般确认原则，这部分费用应按损失处理，如相关部门惩罚费用。

（二）企业环境成本的计量

1. 环境成本计量的基本要求

环境成本计量，指的是对环境成本的结果进行量化的过程，也是在确认环境成本的基础上，按照环境成本的相关特性，对环境成本种类、级别进行划分的过程。

按照现有会计学理论的解释，费用计量属性包括历史成本、现行成本、变现价值，而计量单位主要是货币形式。现行成本会计的计量模式是以历史成本为主，兼用其他各种计量属性，并以货币计量的模式。在实践过程中，环境成本的计量方法也应该沿袭这样的模式。

2. 环境成本计量的基本特点

结合环境成本本身所具有的特点，运用基本会计模式计量企业环境成本时，还需从以下几方面做适当扩展：

（1）计量单位的扩展。

在实践过程中，计量单位一般是以货币为主，但是同时可以根据实际需要进行计量。

例如，在计量废弃物处理成本时，可辅之以吨、公斤、立方米等物理量度计量，使得信息使用者能得出一个较为完整的印象。

又如对某项污染物超标的肥料，通过投资建造废弃物集中处理设施，并在运行中投入一些化解污染浓度的化学品，使之达标排放，此时对环境成本的核算就要考虑适当使用化学量度的计量。

（2）非历史成本计量属性的运用

非历史成本计量属性的运用，意思就是针对在未来可能涉及的支出进行合理的判断和预测。

在实践过程当中，非历史成本计量属性的运用主要包括以下几种方式和途径：

①防护费用法

顾名思义，就是企业为了预防和减少环境污染而承担的费用。例如，为了避免噪音污染，可以针对企业的建筑物进行改造，例如安装相关的消音或者隔音措施。这项费用就可以看做企业的防护费用。

②恢复费用法

恢复费用，指的是企业为了恢复由于环境破坏或者环境污染所需要的费用。在实践过程当中，常见的例子就是某些污染性企业对废水以及废物的乱排乱放导致对环境的污染。治理上述污染，必然就需要企业支付一定的费用。

这种未来的恢复支出应在污染产生前开始估计，其金额可根据技术要求予以研究确定。

③政府认定法

近年来，由于可持续发展以及环保理论深入人心，因此各个地区的都加强了对于环境的监控，因此，在某些企业对于环境的污染达到一定程度之后，相关的职能机构必然会要求企业做出一定的治理，在具体的治理措施实施过程当中，可以由企业自己治理，也可以是企业出资由政府集中治理，或连同有关方面共同治理。该治理费支出，通常是先依据政府环保机关或有关部门拟定治理预算方案后，由企业进行预提入账，以便正确地反映企业财务状况和经营成果。

④法院裁决法

企业在生产过程中，由于污染环境导致的法院纠纷，必然会由法院进行相关的裁决。

在实践过程中，一旦企业存在某种污染已对其他有关各方造成危害，将来有可能发生赔付或治理义务时，可比照类似案例及早计提预计费用。如果企业对环境污染的赔付和治理已经由法院判决，那么这个数额可于判决结果送达时列为负债，并同时作为一项费用确认。

（3）部分特定计量方法的运用

在会计实务过程中，必须要在全盘考虑某些实际状况的前提下，在协调环境成本与生产成本两种核算之中增加一些特定的计量方法，包括差额计量、全额计量和按比例分配计量。

之所以增加这些特定的计量方法，是由于企业与环境的关系日趋紧密和复杂，而且许多环境成本与企业成本并存于一笔共同支出内，例如，对某一生产设备增加环保部件的情况就是这样。倘若要求分别设立生产成本和环境成本两大核算系统，现时尚不切合实际，加之目前技术方法的可行性也不成熟，因此，可以在生产成本核算系统中适当设置有关环境成本的科目账户，于期末再依据这些数据编制环境成本报告书，或在原有财务报告提供的信息的基础上，附加有关环境成本的核算资料的方法，这样做当属易行。

①差额计量

所谓差额计量，是指在进行环境投资支出时，将支出总金额减去没有环境保护功能的投资支出的差额来计量，其后的折旧额也按这种差额的折旧进入环境成本。

在实践过程中，差额计量的典型代表就是企业在生产以及发展过程中对相关环保设备的采购所发生的费用等等。

例如，某企业购买了一批环保型的汽车，支付的成本为 300 万元。如将这 300 万元全部作为环境成本投资显然不妥当，因为该批汽车的功能中，兼有行驶和环保两种功能，因此，要将两种功能所负担成本进行划分，仅对环境功能部分才确认环境成本。假如没有环保功能的其他普通车 (行驶功能相同) 的购买成本为 250 万元，则环境资产成本应采用差额 50 万元 (300 － 250) 计量，并据此在折旧年限中分期作为环境成本的折旧费用。其例可以图 4–2 说明。

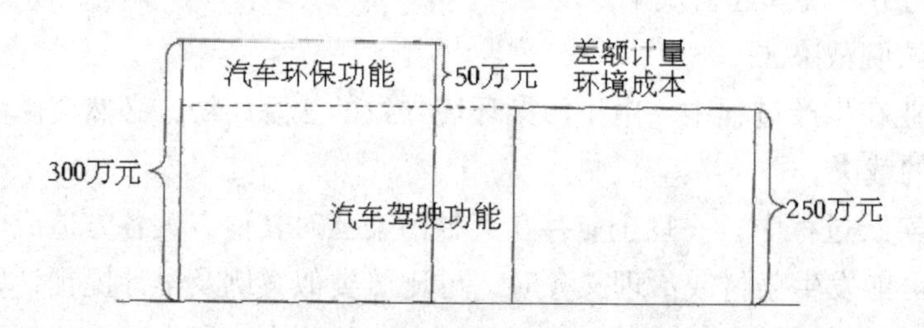

图 4–2 差量计量环境成本的例子

因此，从这个角度上说，差额计量有助于更好地划分生产资料对环境的保护功能以及一般的功能，尤其有助于区分一般的产品成本以及环境成本，同时还可以让相关的信息披露更加明确和准确。对于采购兼有环境保护功能的材料、固定资产等，均宜采用这种计量方法。

②全额计量

全额计算，指的是企业为了解决某一环境问题而支付的成本金额，在实践过程中，应该将此项金额全部计入环境成本，一般来说，此项计量方式应用途径主要如下：

第一，设立相关环保机构的费用。

第二，相关环保技术的研发费用。

第三，构建相关环保管理体系的费用。

第四，有针对性地治理某项环境污染的费用。

第五，相关环境报告的编制费用。

③按权重分配计量

所谓按权重分配计量，是指将与产品生产密切相关的污染治理费用，按一定权重分配计入各产品的制造成本中去，如作为辅助生产车间的污水治理费用、各生产车间的废弃物处理成本等。

在实践范围内，很多国家已经采用这种方式，如德国，该国于1995年施行欧盟的环境管理、审计的EMAS规则以来，一些企业就采用了按权重分配计量方法，将环境费用分配计入到产品制造成本中。兹将其做法程序介绍如下：

首先，根据企业内所有的物质、能源流转方式，进行定量的环境负荷测算。其负荷主要依据工厂的各种设施、各部门、各生产线及产品流程中涉及影响环境的数据，制成环境负荷流程图。其次，将环境费用按“直接费用”“部门费用”和“共同费用”类别进行归集。在此基础上，再将其分配计入各成本部门，最终计入各产品的制造成本。此流程如图4-3所示。

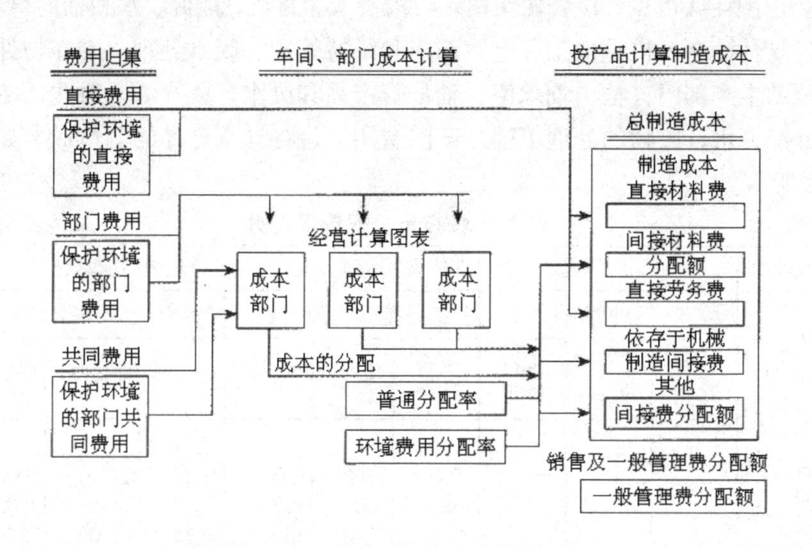

图4-3 德国按权重分配计量的程序图

现在以德国Gleitlag公司对废弃物有关成本的核算，介绍在物质、能源的流转模型上采用按权重分配计量的一个实例。该公司是一个生产轴承部件的金属加工企业。在生产过程中，其环境负荷物质包括生产用的合金重金属、冷却过程中排放的包含重金属的废水和矿物质、电镀过程中使用的化学物质和净化废水后需处理的废渣。这种物质、能源的流程如图 4-4 所示。

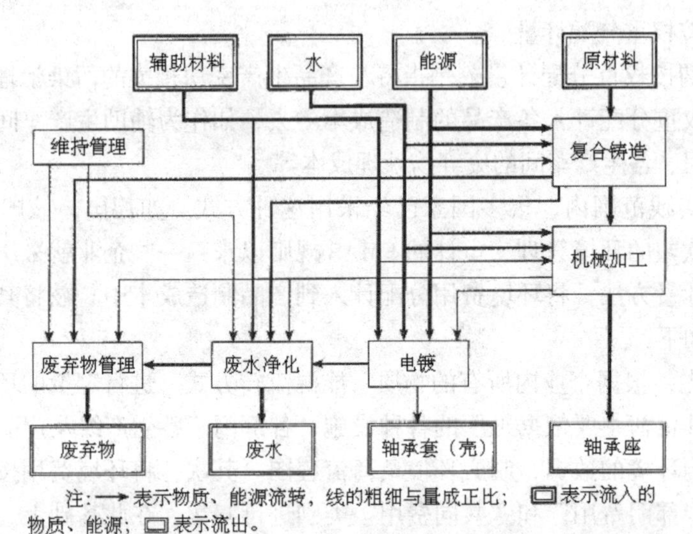

图 4-4 德国 Gleitlag 公司的物质、能源流转模型

由图 4-4 可见，该公司在输入阶段投入原材料、能源、水和辅助材料，经过复合铸造、机械加工、电镀部门和维持管理、废水处理、废弃物处理等辅助生产部门，输出轴承座、轴承套产品和废水、废弃物。对此，按权重分配废水、废物的处理等辅助部门费用，最终计入产品的制造成本如表 4-2 所示。

表 4-2 按权重分配费用实例 单位：TDM

费用类型	部门成本计算 / 部门费用分配						制品成本计算		
	辅助部门			制造部门					
直接费：原材料 13500 计件工资 5900 、 直接费合计 19400	废水净化	废气处理	维持管理	复合铸造	机械加工	电镀	直接费	轴承套	轴承座
				9500 400 9900	2500 5000 7500	1500 500 2000	原材料 计件工资 直接费合计	8500 3400 11900	5000 2500 7500

续 表

费用类型	部门成本计算 / 部门费用分配						制品成本计算		
	辅助部门			制造部门					
间接费： 工资费 2200	300	700	500	200	400	100	间接费分配率	61%（11900/19400）	
社会福利 1600	10	40	50	80	1300	120	间接费环境费用		
废弃物料 1690	510	70	60	320	260	470	复合铸造	4 028	2 539
折旧 3300	500	100	100	700	900	1000	机械加工	4 624	2 914
间接材料 3000	400	100	400	400	600	1100	电镀	9 332	0
其他费用 9077	600	600	800	3077	1800	2200	间接费合计	17 984	5 453
能 源 2220	120	10	50	700	600	740			
水 350	45	5	5	80	50	165			
间接费合计 23437	2485	1625	1965	5557	5910	5895			
总成本 42837	2485	1625	1965	15457	13410	7895	总费用	29884	12953
	辅助部门分配率：						数量（个）	320000	200000
	废水净化	15%		5%		80%	单位成本（DM）	93.39	64
	废物处理	15%		20%		65%			
	维持管理	20%		60%		20%			
	对制造部门分配额	1010		1628		3437			
	制造部门间接费合计	6567		7538		9332			

注：TDM 表示千马克，DM 表示马克

表 4–2 的有关计算说明如下：

辅助部门对复合铸造部门的费用分配额

=2 485 × 15% +1 625 × 15% + 1 965 × 20%

=1 010(千马克)

其余部门依此类推。

复合铸造部门的间接费用分配额

=6 567 ÷ (11 900 + 7 500) × 11 900

=4 028(千马克)

机械加工部门依此类推。因电镀部门只生产轴承套产品，其间接费用则可直接计入轴承套产品成本中，不需进行分配。

第二节　环境负债核算

一、环境负债与或有环境负债

（一）负债与或有负债的定义

负债是最基本的会计要素之一。

美国财务会计准则委员会认为：“负债是将来可能要放弃的经济利益，它是特定个体由于已经发生的交易或事项，将来要向其他个体转交资产或提供劳务的现有义务。”

与此相似，国际会计准则委员会认为：“由于以往事项而发生的企业现有义务，该义务的结算会引起含有经济利益的企业资源的外流”，并指出：“如果一项准备关系到一项现存的义务并符合负债定义的其余内容，使其金额有待预计，这些准备仍然是负债。”

从上数表述当中，我们不难看出负债有如下特征：

第一，负债起源于企业的历史交易或者历史事项。

第二，负债不仅可能产生于企业的采购行为，也可能产生于企业按照正常经营的已经存在或者可能产生的损失。

第三，负债是一种具有强制性的责任，而且这种强制性具有法律性质。

第四，负债的偿还，可以以现金形式，也可以用资金或者劳务抵押。

根据负债计量的确定程度不同进行分析，将可确定计量(即不需要估计)的负债归于负债已成为共识；而对能合理估计金额的负债，有些国家将其称之为准备，我国《企业会计准则第13号——或有事项》将其界定为预计负债，IAS则将负债的定义采用广义的定义，即负债包括准备。本章亦采用广义的负债定义对环境负债进行研究。

在具体的经济实践过程当中，企业的义务并不都是正在进行的义务，而义务的计量结果本身也是要经过合理的估计或者确定的。IAS第37号准则《准备、或有负债和或有资产》将或有负债定义为以下两者之一：

第一，因过去生产经营活动而产生的潜在义务，其存在仅能通过不完全由企业控制的一个或数个不确定未来事项的发生或不发生予以证实。

第二，因过去生产经营活动而产生，但因下列原因而未予确认的现时义务：

①履行该义务不是很可能要求含有经济利益的资源流出企业。

②该义务的金额不可以足够可靠地计量。

(二)环境负债的一般定义

联合国国际会计和报告标准政府间专家工作组认为：“环境负债是指企业发生的，符合负债的确认标准，与环境成本相关的义务。”在某些国家，“当为履行义务所要支出的金额和时间不确定时，环境负债被称为‘环境负债准备’”。这一定义已被各国研究者普遍接受。其中对环境成本的定义为：“环境成本是指本着对环境负债的原则，为管理企业活动对环境造成的影响而采取或被要求采取的措施的成本，以及因企业执行环境目标和要求所付出的其他成本。”并在脚注中注明罚款、罚金、赔偿等将视为与环境相关的成本，不属于这一环境成本的定义范围，但应予以披露。

事实上，上述区分实质是引用了将广义的费用分为费用和损失的思路。

但是，环境成本资本化的问题上，上述环境成本与环境相关成本则作为例子共同进行了讨论。

从环境负债的角度而言，如果将因环境问题造成的罚款、罚全、赔偿等引起的负债排除在与环境成本相关的义务的环境负债之外，无疑对环境负债的披露是一个重大的缺失。

从美国环保局的《为管理决策的潜在环境负债评价：实用技术回顾》和欧盟的《环境负债白皮书》中对环境负债内容的描述中均涉及了罚款、罚金、赔偿等引起的负债。就重污染行业的企业和污染治理水平和意识较落后的企业而言，这部分的未来支出占的比重亦较大。故有必要将与环境相关的成本引起的负债亦纳入环境负债的范畴之内。

结合会计学负债的定义，从会计核算角度可从以下方面来理解环境负债的概念：

（1）环境负债是由于企业在过去或者现在的不当的生产经营行为导致的环境损害。

（2）环境负债的本质是因企业环境行为对环境和人体健康造成损害及对其他环境事项进行承诺所应承担的环境责任或义务。这种义务包括法定义务和推定义务。其中，法定义务是指法律规定、监管机构规定或合同所规定的义务；推定义务是指在特定的情形下，某一事实所导致的或据其推断或分析产生的义务，而不是基于法律规定或出于道德或道义上的考虑，企业难以避免或不能避免的义务。例如，也许企业没有法定义务去消除某一特定区域的石油泄漏，但企业如果不这样做，其声誉及以后在这一区域开展经营活动的能力将受到很大影响，出于这一考虑而产生的义务，即推定义务。推定义务有时被称为“公平义务”。并且基于这种推定义务环境负债，并不能仅仅因为企业管理部门日后不能履行承诺就不确认负债。

（3）环境负债所承担的义务与环境成本的未来支出相关。环境负债所承担的义务，是指在特定环境事项发生时，应他人的要求，需要在将来某一日期或可确定日期，以转移或运用资产、提供服务或其他放弃经济利益的方式来履行对他人的责任或职责。从这个角度上说，环境负债本身就是企业在放弃未来经济利益的前提下，从而对其进行承担的这种未来支出的义务承担与未来实际支出正好代表环境负债的形成与清偿，可认为没有未来支出就难以形成环境负债。在此方面，有不少会计组织也是以未来支出为代表标志，提出环境负债的定义。如加拿大特许会计师协会(CICA)就认为，环境负债是一种为清理过去的环境破坏而在将来发生的支出，或给遭受破坏的第三方赔偿的一种义务。美国注册会计师协会也将“为净化环境而预计发生的支出”确定为环境负债。

（4）环境负债的成因、确认、计量及信息披露具有一定的特殊性。

在实践过程当中，最大的特殊性就在于环境负债在很多情况下难以确认以及计量，只能进行尽可能合理的估计，而一项环境负债发生的原因、时间和金额能够基本确定，该项债务就可以进入环境会计系统加以确认、计量并在报表中披露；环境负债的清偿主要是环境恢复义务、环境罚款义务、环境赔偿义务的履行等。

（三）环境或有负债

或有债务，指的是没有发生，或者不能确定是否会发生的债务。具体到环境方面而言，指的是依据一个或多个不确定环境事项结果的未来发生或不发生而定的债务。

在具体经济实践过程当中，环境或有负债对于企业的影响正在日益加剧，最明显的是，由于可持续发展理念日益深入人心，我国对相关的法律法规的制定也会日益严厉和明确，各级地方政府以及相关职能部分对于环境污染的监控和惩罚力度也必然会加大，对于相关的违法惩罚措施也必然会加剧。

值得注意的是，目前绝对大多数国家和地区对于企业的环境污染问题，也会采用“连带和追溯责任”，也就是说，即便企业过去产生了环境污染问题，但是没有进行相关的环境修复工作，但是仍然要承担相关责任。这一部分，也属于环境或有负债。

二、环境负债的特征与内容

（一）环境负债的特征

环境负债与其他负债相比，具有以下特殊性：

1. 动因的特殊性

环境负债的动因指的是企业排放对环境以及人体产生危害的物质，这与其他负债有很大差别。

2. 可追溯性

可追溯性指的是由于法律的发展，可以对企业的污染源头进行追溯，并且责令相关责任人进行治理。

3. 连带性

指的是只要企业有了危害环境的行为，无非是否有意，都要承担责任。

4. 不确定性

指的是负债金额的不确定以及相关事件发生概率的不确定，乃至发生周期的不确定性等等。

（二）环境负债的内容

1. 美国环境负债的内容

美国等少数工业发达国家，最早提出了从会计角度对环境负债进行披露的要求，美国注册会计师协会和美国环境保护署对环境负债的分类，是对环境负债进行研究时的主要的依据。

（1）美国注册会计师协会的界定

根据该协会对环境负债的定义——“为净化环境而形成的负债”，它至少应包括两方面内容：

①为净化环境而直接发生的负债。

②为净化环境而预测发生的各项支出。

由此可见，在该协会的认识中，环境负债包含有当前已发生的环境负债和未来预计会发生的环境负债两部分。

（2）美国环境保护署的界定

在美国环境保护署的认识中，环境负债包含有六大类：

①服从性责任

是按照有关环保法律法规的规定，生产、使用、处理和排放化学物质或者发生对有损于环境质量的其他行为所需要承担的责任。

②赔偿性责任

是指以习惯法或者成文法的联邦与各州的有关环保法律法规为依据，对由于企业的制造、使用、排放有毒有害物质或者其他造成环境污染的环境行为而受到损害的个人、物业或者业务进行赔偿。

③补救性责任

是在有关环保法律法规的规定下，对已经被企业生产经营活动所污染了的地点进行清理拯救，消除污染后果的责任。

④惩戒性责任

是指与赔偿性责任相区别的另外一类对污染受害方的赔偿责任。

⑤罚款与处罚性责任

是指企业对自身应当承担的服从性和补救性责任还没有履行或没有全

部履行的情况下，所可能受到的民事或刑事处分以及作为接收这些处分的一部分支付。

⑥自然资源损失责任

是指企业环境行为对不属于私人所有的而属于公众的，由联邦、州、地方等各级政府所掌管的公众自然资源造成了损坏，如对土地、空气、动植物群落、海域和水源等造成损坏，如使其解体则难以维持原状和续用并造成质量下降等所应当承担的赔偿责任。

2. 我国环境负债的内容

根据美国注册会计师协会和美国环境保护署对环境负债的分类，并结合我国现有的有关的法律法规，可以把我国环境负债的内容划分为三部分：

（1）服从性责任带来的负债

这类负债的形成与相关环境的法律法规有关。当企业根据相关环境的法律法规确定了某项支出义务，但是还没有付诸实际的支付行为时，就会形成服从性责任带来的环境负债。这类负债包含有以下一些主要内容：按现行法规要求对原有设备改造和重置的环保支出、排污费、新投资项目的环保设施支出、环境的修复义务、废弃物的处理净化费等等。

（2）罚款性责任带来的负债

这类负债是企业违反相关环境的法律法规而造成污染的罚金。这项罚金在规定的应付期限内没有偿付时，就会形成罚款责任带来的负债。如违反环境法规而被处罚的罚款。

（3）赔偿性责任带来的负债

这类负债是指企业为其污染环境的行为给个人或集体造成的损害而进行赔偿，在赔偿应付未付之前而造成的负债。如环境诉讼和赔偿支出、对职工的特殊工作环境的赔偿等等。

三、环境负债的确认与计量

鉴于现有会计理论与方法体系无从适应环境负债的确认、计量与记录的需要，由美国环境保护署牵头进行的一系列综合研究报告强调了环境负债确认与计量方法的开发问题。这方面的成果集中体现在其发表的研究报告《为管理决策服务的潜在环境负债的计价：现有技术的评价》之中。该报告列出了几种环境负债的计量方法，具有较强的操作性，但有的则因过于复杂，或者不确定因素较多而难以在实践中推广。联合国国际会计和报告标准政府间专家组会议又对此从会计核算角度进行了探索，将环境负债的确认与计量相关规定列入《环境成本和负债的会计与财务报告》中，使之有了具体操作的指导规则。尽管如此，还有不少环境负债的确认与计量难以明确界定，如因企业行为的环境影响造成的人们健康损害等。

（一）环境负债的确认

1. 联合国国际会计与报告标准政府间专家工作组对环境负债的确认要求

（1）企业环境义务所形成环境负债的确认

ISAR 的公告指出，如果企业有支付环境成本的义务，则应将其确认为负债。而确认环境负债时，不一定要有法律上的强制性义务。有可能出现这样的情况：在不存在法律义务时企业负有推定义务，或负有在法律义务基础上的推定义务。

例如，企业可能将按超出法律规定的标准清除污染作为其既定政策，这样做基于两点考虑：首先，假设不做出这样的承诺，企业的商业信誉必然会受到影响；其次，这样的承诺本身是正确合理的，而且是可以实现的。但是，值得注意的是，如果在这种情况下，想要确认环境负债，就必须实现承诺中所涉及的成本。但是，在实践过程当中，绝对不能因为企业管理部门拒绝履行相关的承诺就不对相关的负债进行确认。如果确实发生了不能履行承诺的情况，企业应在财务报表附注中披露这一事实及其原因。

在少数情况下，根本无法全部或部分地估计环境负债的金额，这并不意味着企业可以不披露其存在环境负债这一事实。这时，应在财务报表附注中披露无法做出估计这一事实及理由。

（2）环境损失所导致环境负债的确认

依据 ISAR 的建议，当环境损失涉及企业本身的财产或由于企业的经营活动而给其他的财产造成损害，但企业本身又无纠正这一损害的义务时，应考虑在财务报表附注中或在财务报表之外的附加报表中予以披露。

例如，颁布新的法律，或者企业决定处置其财产，在这些情况下会产生义务。无论在什么情况下，所有者和股东都有权了解对企业自身的资产和对其他企业的财产所造成的环境损失达到了何种程度。

（3）因长期资产使用场地的恢复、关闭或迁移的成本导致环境负债的确认

ISAR 提出，对于应由企业负担的长期资产使用场地的恢复、关闭或

迁移的成本，应将其确认企业的环境负债。确认时间是在可以确定要由企业来执行与场地的恢复、关闭或迁移有关的补救措施的时候。

在实践过程当中，不难确认，绝大多数企业在从事某些特殊活性的时候，必然会对环境产生一定的危害。例如，如果没有对地面环境的破坏，很多矿产资源的开采无法进行，但是如果开采活动结果，相关企业必须要对地面开采造成的一系列环境损害进行恢复。这一恢复成本应当在其相关的环境损失发生之时，按权责发生制原则予以确认，将其金额予以资本化并在相关的经营期内加以摊销。

（4）环境负债中补偿的确认问题

在 ISAR 的公告中强调了以下三点：

①法律规定可以消除的情况。

②在绝大多数时间情况中，企业应该对某些具有争议的环境负债担负主要责任。

③因出售有关财产而预期得到的收入以及修复资产的变卖收入，不应从环境负债中扣除。

2. 环境负债的确认流程

按照环境会计的理念，只要企业的生产经营活动对环境或生态造成不良的影响，企业就应当承担由此而造成的净化环境的支出。环境负债根据其发生的可能性分为确定负债和或有负债；按其对期间的相关性又可分为现实负债和契约负债。图 4–5 为环境负债的确认流程图。

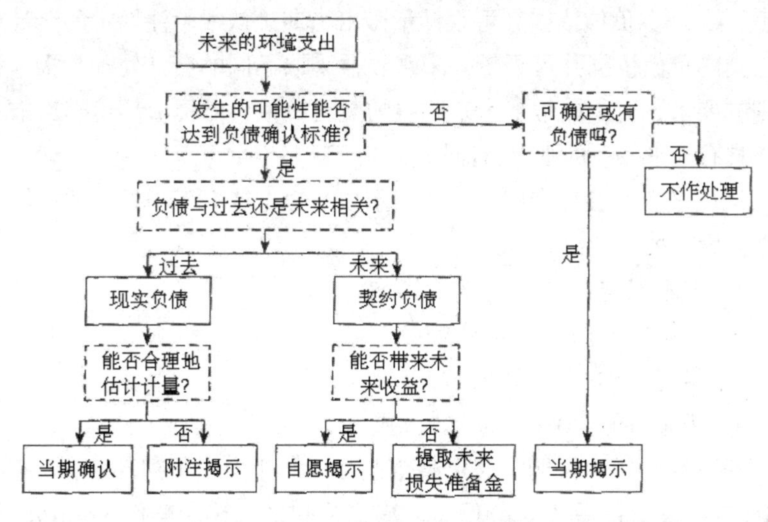

图 4–5 环境负债确认流程图

由图 4-5 所示，环境负债的确认首先是依据企业未来的环境支出，其特点表现为企业因经营活动或其他事项对环境造成破坏影响而承担的义务或责任。它主要产生于已经存在或预期可能发生的与环境破坏有关的损失，其多数情况下难以确切地计量，所以经常采用估计方式。

环境负债的确认主要经过三层判断：

其一，先判断未来环境支出发生的可能性大小，以及是否具有现时义务。因为是否具有现时义务是区别环境负债与或有环境负债的关键。

《或有事项会计处理》中提出，企业对或有损失或负债发生可能性的判断标准：

（1）极为可能 (probable)——未来事项发生的可能性相当大，极有可能会发生。

（2）适当地可能 (reasonably possible)——发生的概率低于极有可能，但是高于低可能。

（3）不大可能 (remote)——未来事项发生的概率较低，基本上不太可能发生。

其二，判断环境负债对期间的相关性。由于历经营行为对环境造成影响产生的负债，可以对其负债属性进行判断。未来事项产生的负债，则可判断为契约负债。所谓契约负债，是指企业承诺未来环境支出履行的现时义务，如承诺对未来环境损害的健康赔偿成本、环境污染治理成本等。

其三，现实负债依据其可否计量做出当期确认或附注揭示的会计处理之分；契约负债依据其可否带来未来收益采取不同的会计处理，根据稳健性原则的要求，对不能带来未来收益的契约负债应做提取环境损失准备金处理，具有未来收益的则可自愿揭示。

我国的《企业会计准则——或有事项》也把或有事项发生的可能性按概率划分为四种可能：

（1）基本确定：$95\% < X < 100\%$。

（2）很可能：$50\% < X \leq 95\%$。

（3）可能：$5\% < X \leq 50\%$。

（4）极小可能：$0 < X \leq 5\%$。

现举一简例予以说明。假定某企业 20×3 年发生下列环境会计事项：（1）20×3 年欠交排污费 1 200 元；（2）未支付的已确定赔偿 3 000 元；（3）

环境损害的未决诉讼一起，尚未能确认赔偿金额；（4）该企业与社区居委会、当地环保部门各签订一份环保保证协议，承诺在 12 月份后不再排放污染物。

企业按照图 4–5 所示的环境负债确认流程图进行环境负债核算分析，先判断未来环境支出发生的可能性能否达到负债确认标准。环境损害的未决诉讼尚处于谈判阶段，尚未能确认赔偿金额，应归入或有负债一类中。会计上不做处理，但需要在会计报表附注中进行披露。其他如未交排污费 1 200 元、未支付的已确定赔偿 3 000 元以及与社区居委会、当地环保部门各签订的一份环保保证协议，承诺在 12 月份后不再排放污染物，这会增加未来可能发生的污染治理支出，这些未来环境支出都是可计量的，而且也是符合负债定义的。其中未交排污费 1 200 元，未支付的已确定赔偿 3 000 元都是由于企业过去的交易影响形成的，在当期确认为环境负债。而与社区居委会、当地环保部门各签订的一份环保保证协议，承诺在 12 月份后不再排放污染物，企业将要进行污染治理的支出，属于契约负债，可按最优估计原则提取未来治理准备金负债处理。

这里还需继续探讨一下或有环境负债的确认流程，环境或有负债的确认流程可归纳为图 4–6 所示的图示。

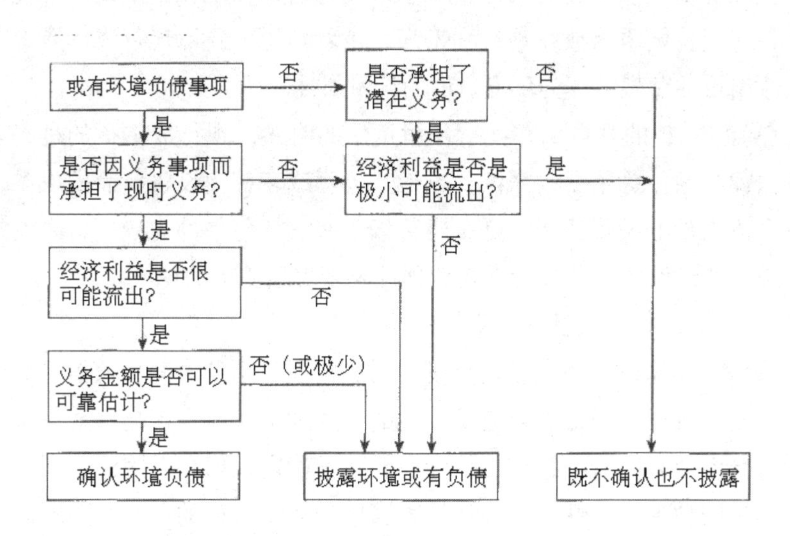

图 4–6 环境或有负债的确认流程图

由图 4–6 所示，环境或有负债的确认有三条途径：（1）满足负债条件的环境或有负债按环境负债处理；（2）承担潜在义务且经济利益流出达到可能(适当可能)标准以上的环境或有负债，以及仅因金额不能可靠估计的环境或有负债，均在报表附注中披露，并不确认为现实的环境负债；（3）没有义务或极小可能流出经济利益的，可不确认和披露。这种对环境或有负债的确认流程，可清楚界定其会计处理标准，防止对环境或有负债的过宽、过泛的滥用。

（二）环境负债的计量

1. 环境负债计量的基本要求

（1）最优估计

负债计量的基本原则之一为最优估计，其主要应用在未来支出额难确定的情况下的会计处理。通常情况下，需要综合运用一系列相关技术与手段（包括决策分析技术、职业判断、保险精算技术与建立模型等），才能够获得最优估计值。第 37 号国际会计准则认为，可以采用“期望价值法”来获得“最优估计”。

（2）选择最合适的计量属性

计量属性指的是，资产、负债等会计要素，可以用财务形式定量化的方面。因环境负债偿还时间是在未来，而计量却在现在，因此，计量属性的选择应当将侧重点放在现在和未来，也就是说，要以现行成本或者未来现金流出量的贴现值作为环境负债的计量属性。

依照 ISAR 的观点，在计量环境负债的时候，现行成本指的是，以现有的法律与条件为依据，来恢复场地、关闭或者移走设备所需的成本；未来现金流出量的贴现值指的是，履行以现有法律与条件为依据，来恢复、关闭或者移走设备的义务所需要的预计未来现金流出的现值。

（3）处理好相关性和可靠性的关系

在计算未来现金流出量的贴现值时，需要货币的时间价值信息，以及对履行义务有用的预计现金流量发生的时间和金额产生影响其他信息。由于后者会涉及未来事项结果的估计，会使不确定性增加，因此，用未来现金流出量的贴现值属性计量会计报表当中的环境负债的可靠性并不高。而现行成本计量属性由于不需要这些不确定信息，因此，会比较可靠，但是，有时环境负债的初始确认和最终偿还之间的期限会延长，如果还按照现行成本计量属性得出结果，那么其决策的有用性就会比较低，此时，未来现金流出量的贴现值的相关性就会比现行成本的可靠性更加突出，因此，需要在对两者进行权衡之后，再提供环境负债信息。

2. 环境负债事项计量的会计标准

（1）对金额确定困难的环境负债应当近似估计并予以披露

ISAR 建议，在准确估计一项环境负债有困难时，应当做出最近似的估计，与此同时，还要在财务报表附注当中披露如何得到的此估计值。在极少数的情况之下，也会发生无法做出估计的情况，此时，就需要在报表附注当中披露这一事实以及原因。

（2）按照现金支出的现值估计近期不需要偿还的负债

ISAR 提供了一种按照未来现金支出的现值来估计近期不需要偿还的负债的方法。这种方法是以从事所要求活动现行法律、现行成本，以及其他要求作为基础的。企业需要披露所使用方法的类型，当使用计提准备的方法的时候，所估计长期撤诉成本的全部准备余额也是需要披露的。

（3）采用专门方法计量恢复场地、关闭或移走设施成本相关的负债

ISAR 的工作文件对今后恢复场地、关闭或者移走设施成本相关的负债，以及在相当长一段时间之内不用清偿的负债，提供了三种计量方法，具体包括：现行成本法、现值法，以及在相关经营期间内为预期支出计提准备。

（4）在某些行业为长期拆撤成本计提准备

ISAR 认为，在相关的经营期之内，应当为长期拆撤成本计提准备一种可行的做法，比如，核能厂房与钻井平台的拆撤。采取这种做法的理由是与实际情况相符的，之所以会这样讲，是因为其能够避免一些人为地报告财务状况以及收益时的随意性，此种随意性则是由上述成本的估计发生变更而形成的。一般情况下，对于将在近期内偿还的环境负债，则会采用现行成本法计量。

除上述各种情况之外，其他情况则应采用现值法。

（5）土地污染净化或修复事项的负债

目前，人们越来越关注土地污染的事件，我国环境保护法律法规都要求引发污染的企业，必须具备负有净化和修复责任的规定，而且很多企业也开始重视对周边土地污染的保护与治理，而人们则需要企业将这方面的

信息充分地披露出来。但是，目前，我国并没有与此相关的规定，从而导致这部分会计信息不能够及时、有效、长期地披露。

实际上，很早就有由企业承担污染的净化、恢复义务的法规界定，而且一些企业还为此承担了非常重的财务负担，所以十分有必要建立起与这方面有关的环境负债标准。但是，由于土地污染的治理是一个非常复杂的工作，其中，最困难的就是很难确定未来治理支出的金额计量。

对此，将上述内容说明和土地污染问题的实际相结合之后，可以得出确认与计量的流程图（图 4–7）。

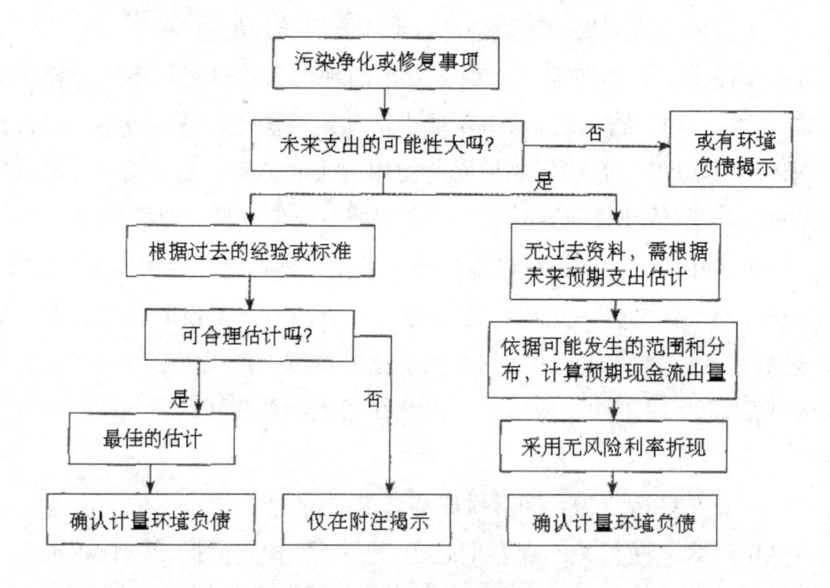

图 4–7 污染净化与修复的环境负债确认计量流程图

如图 4–7 所示，有关金额的估计共分为以下两个方面：

第一，人们可以过去存在的标准或者资料为依据，做出最佳估计，以及确定环境的负债金额，不然的话，可将这些资料或者标准列为金额无法估计事项，并且只在附注当中披露这一事实，而且应当说明理由。

第二，在没有过去标准或者资料时，则可计算未来现金流出量，然后，用无风险利率进行折现，并用其金额将环境负债确定下来。

对于污染净化、恢复的未来支出额的估计，倘若是只涉及一个方案或者项目，应当按照最可能发生的金额来确定最佳估计数；倘若是会涉及多个方案或者项目，则应当按照各种可能发生额，以及它们的发生概率计算，来确定最佳估计数。

下面将举例说明后一种情况。

某企业对土地、地下水同时产生了污染，在经过环保部门认定之后，认为其违反了环保法规，并且需要由企业来承担恢复或者净化的责任义务，限期次年治理。该企业在环保部门的帮助之下，对四种方案的未来支出额，以及对应的发生概率进行了估算（表4–3）。由于该企业次年就需要治理，时间并不是很长，因此，就没有必要对未来支出额折现，因此，应在当年确认环境负债为4 100万元。

表4–3 某企业净化污染、恢复原状的预期支出额计算表

治理方案	土地净化	地下水处理	合计金额 × 概率	各方案预期值
方案1	2 000立方米 1 000万元 发生概率70%	处理2年 2 000万元 发生概率60%	3 000万元 ×42% (70% ×60%)	1 260
方案2	2 000立方米 1 000万元 发生概率70%	处理4年 4 000万元 发生概率40%	5 000万元 ×28% (70% ×40%)	1 400
方案3	4 000立方米 2 000万元 发生概率30%	处理2年 2 000万元 发生概率60%	4 000万元 ×18% (30% ×60%)	720
方案4	4 000立方米 2 000万元 发生概率30%	处理4年 4 000万元 发生概率40%	6 000万元 ×12% (30% ×40%)	720
未来支出额预期（环境负债）				4 100

3. 或有环境负债的计量

（1）或有环境负债的计量依据

主要依据导致或有环境负债事项发生的可能性的大小，来计量其负债以及与之相应的环境损失。

①倘若发生环境负债的可能性很大，并且还能够合理地估计出其所导致的损失金额，那么就可以依照最佳估计予以确认，然后，形成或有环境负债。但是，如果在此或有事项引起的损失范围之内，并没有任何最佳估

计存在，那么至少应当以最小估计金额来确认或有环境负债。

②倘若导致环境负债的事项发生的可能性并不大，抑或是虽然可能性很大，但是，相应环境损失的金额没有办法合理地进行估计，此时，就可以采用显示但不预计的方法，并以补充说明的形式，在环境报告书或者财务报表当中，说明可能发生的损失的估计值，或者不能做出估计的理由与原因。

③倘若环境事项发生的可能性比较小，那么，就可以采用不显示、不预计的方法，也就是说，既不以其他形式进行说明，也不会在会计记录当中进行登记。

（2）或有环境负债的计量方法

企业的或有环境负债计量，主要包括两种情况，具体如下：

①与生态资源降级费用密切相关的或有环境负债计量

生态资源的降级费用指的是，由于废弃物的排放大于环境容量，从而导致生态资源质量下降而造成的损失的货币表现。此种费用所具有的不确定性是很大的，主要包括：破坏费用与恢复费用。对于这两种费用来讲，应当给出一定范围之内的近似估计，也就是说，在不可能得出近似估计的情况之下，应当采取机会成本法、市场价值法来将最低金额计算出来。

②国家政策变动导致企业可能增加环境保护方面支出产生的或有环境负债计量

目前，我国是以“谁污染、谁治理”的原则为依据，来对企业征收环境保护方面的费用。在社会逐步向前发展的同时，环境却变得越来越差，因此，国家极有可能向企业征收更多的环境保护费用。倘若在可预见的将来国家要变动环境保护收费政策，那么企业就需要在会计处理上及时将这些反映出来。

第五章　企业环境会计与环境管理信息系统

对于一个企业而言，环境管理的重要性越来越明显，因此，现在有越来越多的企业对环境管理给予了高度的重视。而在环境管理过程中，企业环境会计和环境管理信息系统发挥着不可或缺的作用，可以说，没有环境会计和环境管理信息系统，企业要实现环境管理几乎是不可能的。因此，本章就对企业环境会计与环境管理信息系统及其相关知识进行了详细的介绍。

第一节　环境信息与经济信息

系统是由若干有关事物互相联系而构成的一个整体，或者说是由同类事物按一定的关系组成的整体。由于目标不同，为了实现目标而进行的活动的不同，这样就构成了很多不同的系统。所谓的环境信息系统，其实就是环境信息从产生到应用于环境保护工作所构成的系统。污染物在产生、控制和排放的过程中，会形成巨大数据流，这一数据流经过环境信息系统收集和组织之后，进一步被处理转换成不可缺少的数据。各级管理人员在对其进行分析之后，可以为其做出正确的决定提供很大的帮助。

“环境经济信息系统”和“环境管理信息系统”是环境信息系统的两大组成部分。环境经济系统和经济之间有着密切的关系。环境是经济的基础，而环境的变化又受制于经济发展的主导作用，经济的发展对环境产生的影响有好有坏，反过来，环境的变化也会对经济的发展带来巨大的影响。因此，环境系统与经济系统相互作用产生的综合体就被称为环境经济复合系统。在此基础之上，我们才可以对环境经济信息系统理论与环境管理之间的关系进行深入的探讨。

管理在环境信息系统中发挥着重要的作用，它有助于环境管理收到更好的效果，而环境信息系统对于环境管理也起着重要的支持作用，两者只有共同运作，环境问题才能够得到更好的解决。

一、环境系统和经济系统的概念分析

（一）环境系统

环境是相对某项中心事物而言并作为某项中心事物的对立面而存在的。就环境经济中的环境而言，实质上是以人为中心、围绕人类周围的客观事物的整体，其中，大气圈、生物圈、岩石圈以及水圈是其主要组成成分。（图 5–1）它们彼此之间相互联系、相互影响、相互制约，这样，环境系统就形成了。

图 5–1 环境系统示意

（二）经济系统

经济活动是指物质资料生产，以及相应的交换、分配和消费的过程。以此为基础，我们就可以把经济系统定义为社会再生产过程中的生产、交换、分配和消费四个环节所构成的相互制约的统一体。（图 5–2）

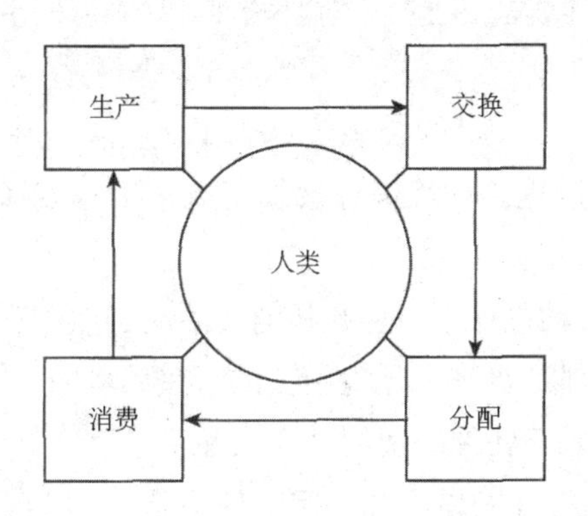

图 5-2 经济系统示意

（三）环境复合系统分析

我们这里所说的环境复合系统，也叫做环境经济系统，其将环境系统和经济系统紧密结合在了一起。在这个系统中，所反映的内容不仅有环境信息，还包括经济信息。经济子系统对环境子系统产生的作用主要表现在两个方面：一方面，经济活动中必然会有环境消耗产生，从而对环境质量造成影响；另一方面，随着经济的不断发展，保护和改善环境的能力也会越来越强。反过来，环境子系统也从两个方面对经济子系统发挥着巨大的作用。环境为经济提供资源，并为经济活动产生的废弃物提供了存放空间。另外，随着环境资源的不断消耗，经济活动的发展也会在越来越大的程度上受到限制。总之，环境与经济之间有着密切的联系，如果处理得好，二者就会相互促进、协调发展，否则，二者之间机会相互制约，导致恶性循环。之所以要进行协调的经济环境系统管理，主要目的就是在确保经济子系统的产出与社会物质供给的要求相平衡的同时，实现环境子系统的生态平衡，从而使可持续发展的最终目标得以实现。具体而言，环境系统和经济系统的关系主要表现在以下几个方面：

1. 环境系统是经济系统存在的基础

从下面几个方面中，我们可以看出环境在经济系统中发挥着重要的基础作用：

（1）经济系统是从环境系统中产生的。环境在人类还没出现的时候就已经客观地存在着了。人类出现以后，为了生存，不断地对自然环境进行改造和利用；随着利用和改造环境的水平的不断提高，经济系统才逐渐地产生了。可以说，是人类对环境的利用和改造，才导致了经济系统的产生。

（2）环境系统将大量的资源输送到了经济系统中，作为生产过程的原料。而通过生产过程，环境资源被加工成了丰富多样的成品，从而使人类的需要得到满足。

（3）在经济活动过程中，生产和消费活动必然会产生一定的废弃物，而这些废弃物最终都是要排入环境中去的。在环境中，这些废弃物被扩散、贮存和同化，这样人工处理的费用就大大减少了。

（4）经济活动的开展离不开一定的环境条件。以农业生产为例，土壤、阳光和水等就是必不可少的环境条件。

2. 环境系统对经济系统具有约束作用

一旦经济的发展超过了环境的承受能力，就必然会导致资源枯竭和环境污染加重等结果的出现。如果在经济发展的过程中同时对环境的承受能力进行充分的考虑，那么，系统就能够长期保持良性循环发展。

3. 经济系统发展对环境系统的变换起主导作用

在社会不断发展、科学技术日新月异以及人口不断增长的情况下，人类干预自然界的能力也越来越强，人们已经可以根据自己的意愿对自然界进行改造了。另外，自然界的改变也有可能是由人类的生产活动导致的。如果人类以自然规律来规范自身的行为，对环境进行合理的利用与改造，那么，对于环境质量的提高是具有积极意义的；反之，如果没有按照客观规律的要求办事，将自己的意志作为做事的唯一标准，那么，环境系统必然会陷入恶性循环之中，环境质量不断下降。由此可知，环境的变化受到经济发展的主导作用，但不取决于经济发展。

4. 环境系统和经济系统具有协调的可能性

良好的环境，可以为经济活动提供良好的环境条件，确保经济系统可以得到更好的资源，同时也可以为经济系统所产生的废弃物提供更大的容纳空间，对于经济的发展是十分有利的。随着经济的不断发展，经济实力的不断增强，用于环境建设和环境治理的剩余产品也就越来越多了。同时，随着经济的发展，人们的生活水平也得到了很大的提高，越来越渴望获得良好的环境条件，人们在自身需求的推动之下，自然就会主动地保护环境、改造环境，从而促进环境质量得到不断提高。

二、环境经济信息系统的结构与决策

（一）环境经济系统的结构

在经济、人口和科学技术系统的影响下，人们通过在环境目标和规划的指导下对环境系统采取积极的措施，确保环境经济系统的运动与环境系统的规律相符合，进而借助监测和统计来及时地测量环境系统的状态，并与规划的目标进行比较，及时发现二者之间存在的差异并进行修改，对环境或经济措施进行不断创新，从而使其与环境目标越来越接近。系统运行的整个过程是一个动态的过程。图 5-3 就是对环境经济系统控制过程的具体展示。

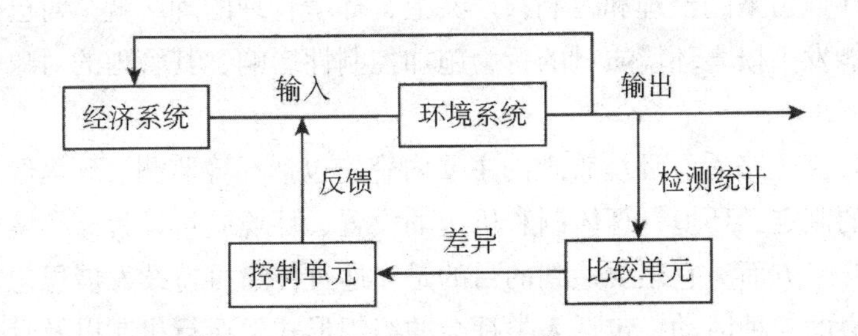

图 5-3 环境经济信息系统的控制过程

（二）环境经济系统的决策

进行环境经济信息系统的有关研究，最终目的都是为环境经济系统决策服务，为环境经济系统发展实践服务。在袁旭梅看来，无论是环境经济系统的结构分析、潜力评价，还是环境经济系统的前景预测、发展过程和结构的优化，最终都是为环境经济系统的决策活动提供支持的。在具体实践中，模型可以为决策分析提供分析和方案生成方面的帮助，而计算机信息系统则可以为其提供技术上的支持。

对于环境经济系统决策而言，其必须要遵守的基本原则包括：谋求经济、社会和环境的协调发展、保护人民健康、促进社会生产力的持续发展及资源和环境的持续利用等。下面几个方面是对其基本原则的具体概括：（1）宏观与微观决策相结合的原则；（2）综合与专题决策相结合的原则；（3）长期与短期决策相结合的原则。另外，科学性原则、实用性原则和地域性原则也是环境经济系统决策所必须要遵守的。

环境经济系统的决策过程是一种基本的过程，它包含有这样几个阶段：在问题得到确定后进而明确目标，发现和拟订各种备选方案，以及从中选出最合理的方案。在该决策过程中，要对以下几个环节进行特别强调：（1）信息收集、加工、分析过程；（2）建立价值系统；（3）信息反馈。

三、环境管理与环境信息系统

（一）环境管理意义

环境管理的含义有狭义和广义之分。狭义上，我们可以把环境管理理解为对环境污染的治理和控制；广义上，环境管理的理解就是对已经发生或将可能发生损害环境质量的行为施加控制性影响，其管理的对象为整个大自然。

从广义上来看，环境管理的主要内容应包括环境监测、环境经济、环境标准的制定、环境管理体制和机构的设置、环境质量评价、环境立法与司法等几个方面。它想要达到的目的是：通过传播可持续发展思想，确保人类社会的各种活动，包括人类社会的组织形式、运行机制以及管理部门和生产部门的决策、计划和个人的日常生活等，都与人与自然和谐共进的要求相符合，并体现于规章制度、法律法规、社会体制和思想观念等形式之中。环境管理就是创建一种新的生产方式、新的消费方式、新的社会行为规则和新的发展方式。

（二）环境信息系统

所谓的环境信息系统，其实指的就是环境信息从产生到在环境保护工作进行应用所构成的系统。环境经济信息和环境管理信息是其两个主要的构成成分。环境管理活动包括环境信息从产生到在环境保护工作中进行应用的所有活动，这项活动主要是由环境管理信息系统的内容来构成的。

环境信息系统不仅能够使环境管理工作得到改善，还能提高环境资源利用的效果、保护环境。另外，其对于环境保护意识的增强以及企业社会形象的提高也具有积极的促进作用，这也是环境信息系统的管理功能的集中体现。

第二节 企业环境会计与管理信息系统

一、企业环境会计信息系统

（一）环境会计信息内涵

1. 可纳入会计信息系统的环境经济活动信息就是环境会计信息

从人类本身，或更进一步说，从经营实体的企业的角度上来看，环境会计所指的环境活动是包含有经济活动的内涵的，不仅如此，经济活动还是环境活动中的一项最重要的内容。环境会计实质上是一项经济活动，它其中蕴含着的很多的环境信息都是可以纳入会计信息系统的，这些环境信息就是环境会计信息。在环境会计这一经济活动中，环境问题是所有过程开展的核心，但关于环境会计的具体概念及其本质，人们的认识却千差万别。其中，环境会计包含有宏观和微观两个层次的观点，得到了人们较为一致的认同。环境会计在宏观上的含义为国民经济环境核算，在微观上则被定义为微观经济主体（主要为企业）所从事的与环境有关的业务和环境会计信息披露与管理。1995 年，美国环保署将环境会计定义为：从国民经济核算的角度来看，环境会计实质上就是自然资源核算，对于一个国家或地区而言，其所有的可再生或不可再生自然资源的消耗、存储量、质量以及其经济价值，都可以从它身上得到满足；从财务会计的角度来看，环境会计可以按照会计原则的要求编制和披露与环境有关的财务信息来供外界信息使用者使用；如果把环境会计看作是管理会计的组成部分，它在管理人员进行资本投资决策、流程 / 产品设计决策、业绩评价以及其他各种前瞻性经营决策活动中可以提供巨大的帮助。这一定义是比较具有权威性的，并且还具有着广泛的外延。从这一定义中可以看出，从会计意义上来看，环境会计主要是由环境财务和环境管理两个范畴的内容构成的，实现了两者的有机统一。

2. 从手段和性质上说环境会计还是一项管理

核查和控制是管理的其中一项重要的功能，但从概念意义上来讲，核查和控制的实质都是监督。监督必须是对一个特定时期内监督客体的经济活动和相关管理活动的监督，对于环境监督而言同样如此。在叶文虎先生看来，环境审计其实就是“对环境管理的某些方面进行检查、检验和核实”。孟凡利则以长期以对国际比较法则的认识为主要依据，将环境审计定义为“与一个企业、其他组织或地区，甚至是某一项目中的有关环境活动结合起来，通过对环境政策、环境活动、生产经营及其他正常本职活动的环境影响、环保机构的经济性、效益性和效果进行审查和监控”。而陈正兴先生对于环境监督的定义为：为了抑制和消除生产及生活过程中产生的环境问题，或者为了改善环境，达到经济活动按照可持续发展的要求进行的目的，而对经济活动的真实性、合法性、效益性所进行的监督、鉴证和评价的一种独立监督活动。近年来，中国石化系统进行了“清洁生产审计”的试点开展工作，这里的“清洁生产”，是在近20年来一些西方发达国家的不断探索和实践的基础之上形成的。在1989年，联合国环境规划署首次将清洁生产看成是“在生产过程、产品寿命和服务领域持续地应用整体预防的环境保护战略，增加生态效益，减少对人类和坏境的危害”。实际上，清洁生产进行的研究主要集中在：如何在特定的条件下，达到以最少的物料消耗来获得最高的产品产出率的一种优化最优成本状态。所有关于环境监督的定义，虽然在文字表述上会存在一些差异，但它们都包含着两个相同层次的思想，那就是：首先，环境活动是一项经济活动，由于其在很大程度上会影响到企业的生产经营和财务成果，因此，它也就成为了环境审计的研究对象；其次，环境审计又是一项企业管理活动，企业管理系统的很多方面都与其有着密切的联系。需要注意的是，这两个层次都是从企业的层面而言的。

由此我们认为，企业环境会计信息系统应从两个方面来进行信息构建：一方面是环境会计核算信息系统信息，另一方面是环境管理控制信息系统信息。

（二）企业环境会计核算信息系统信息

企业环境会计核算信息系统是一种定量环境信息，其主要内容为财务信息，主要的表现形式为货币，并以会计凭证、账簿、报表以及其他相关资料为主要的内容载体。另外，环境法规、会计法规以及会计准则等相关的法律法规和制度则为会计核算提供了基本依据。随着环境经济活动的产生和不断变化，会计要素也必然会出现相应的增减变化。同时，借助会计特有的方法和步骤，即会计的确认、计量、记录和报告，使其最终在企业会计报表中得到反映和揭示。监督企业环境会计核算信息系统的主要目的是：要实现对被监督单位的环境会计信息的真实性、合法性和效益性的分析、判断和评价，从而使被监督单位的环境会计责任得到确认或解除。企业环境会计核算主要有以下一些具体的信息内容：（1）环境资产的信息；（2）环境负债的信息；（4）环境收入的信息；（5）环境费用的信息；（3）环境权益的信息；（6）环境效益的信息；（7）环境投资和环境基金的信息。具体内容在后面的章节中会有详细介绍。

（三）企业环境管理控制信息系统信息

企业环境管理控制信息系统信息是在环境管理活动中实施的以非货币、非财务信息为主的定性环境信息。为了使环境管理工作绩效和环境质量得到提高，其采取了一些必要的管理和监督措施、步骤、技术、方法和手段并且形成了相应的文件和指标，这是其基本内容的主要表现。而环境法规、环境制度、环境质量标准、环境会计和审计准则等为其管理提供了必要的基本依据。之所以要管理和监督企业环境管理控制信息系统，主要就是为了分析、判断和评价被审计单位的环境管理方法、手段和措施的合法性、合规性和有效性，并在此基础之上实现对被审计单位环境管理责任的确认或解除。企业环境管理涉及很多的方面，各方面因素既相互区别又相互联系，一起对环境活动对环境的破坏发挥制约作用，同时为实现与保持最低限度的环境损失而努力，以使企业所承担的社会责任和义务得到切实履行。其具体信息内容主要体现在以下几个主要方面：

1. 环境法规执行的合法性和合规性信息

通过对环境资源进行开发和利用，企业获得了巨大的收益，与此同时，企业也就必然有义务对这一过程中造成的污染进行治理。按照受托责任理论，由于企业是环境资源的受益者，因此，其也就有责任对委托应用管理的环境资源进行良好的经营，同时，它还要将其职责完成的情况向委托人进行妥善的说明和报告。正因如此，通过审计来验证和审核这种责任也就具有了可能性和必要性，并在此基础上来对环境活动的合法性、合理性和一贯性进行评价。环境审计的主要内容具体体现在六个方面，分别是执行环境法律、环境法规、环境政策、环境制度、环境准则、环境协议或合约情况。并且，它们各自执行的程度、方法、措施和结果，以及审查执行中和执行后存在的问题及其问题性质和原因，是审查的重点。孟凡利在其所著的《环境会计研究》一书中，将环境审计的主要内容从会计信息披露的角度进行了九个方面的概括，具体为：（1）“三同时”制度的遵守情况，如果没有遵守，找出具体的原因，并对其应受到的处罚进行说明；（2）其他的由国家、地方法规或行业标准要求的有关事项；（3）环境会对主要环境、经济指标和结论等评价制度的执行情况造成影响；（4）参与或承担的污染集中控制情况，其中，环境与财务效果、自身在集中控制之外所从事的分散治理情况是两个比较重要的方面；（5）污染源情况及排污收费交纳情况；（6）排污申报登记情况，取得的排污许可证情况以及排污许可证的交易情况；（7）环境目标责任制落实和执行情况，其中，责任指标的完成情况和受到的奖励与惩罚也是它的一个重要的方面；（8）如果被划到限期治理的对象之列，需要对列入的原因、要求的标准及期限、预计完成时间以及目前的进展进行说明；（9）被纳入城市环境整理的事项、原因、分配的责任指标及其完成情况，以及在城市环境综合治理定量考核工作中的成绩和问题。

2. 企业环境质量管理的有效性信息

为了使人类生存和健康所必需的环境质量得到保证，进行的管理工作的整体就叫作环境质量管理。环境质量是指环境要素对人类生存和繁衍以及社会经济发展的适宜程度，因此环境质量管理也就主要体现在大气环境质量管理、水环境质量管理、声学环境质量管理以及土壤环境质量管理等几个方面。我们对其具体内容大致进行了六个方面的概括:（1）废水、废气、废渣、噪声、放射性物质排放量；（2）有害物质使用与储存量；（3）污染事故次数；（4）能源耗用量；（5）环境质量达标率；（6）绿地覆盖面积。需要说明的是，在政府和相关部门颁布的环境质量技术标准书中，对企业环境质量要求得到了更多的体现，其中，指标和参数是其主要的表述形式。

3. 企业自然环境管理的有效性信息

自然环境管理是对人类赖以生存、发展的自然资源或生态环境中各种要素之间存在的密不可分的物质的、能量的、信息的流动与联系的各项管理活动，其中，水资源管理、土地资源管理、矿产资源管理以及生物资源管理等是其主要内容。企业在对这些自然资源要素进行利用和开发时，要确保其要素的结构与状态的改变保持在人类生存和发展的限度以内，否则，很容易引发环境污染。人类在对这些资源进行开发和利用时，在注重其经济功效的同时还要对其生态功效高度重视，实现二者的统一，保证物料按平衡原理转换，遵循物料平衡和能量守恒原理。因此，在企业环境审计内容中，对企业是否有效地利用和理性地开发这些要素以及是否适时有效地管理所造成的污染进行分析和判断，也成为了一个重要的方面。具体而言，其具有下列一些主要内容：（1）环境方针的确定性；（2）环境规划的严密性;（3）内部环境审计的经常性;（4）故障或隐患发现和排除的及时性;（5）环保机构健全性和人员素质的合格性；（6）环境管理措施实施的有效性；（7）污染处理投资设施的完好性；（8）内部检测手段的可行性和先进性；（9）内部职能部门协调性；（10）职工环境意识性。

因此，为了与环境管理的内容相匹配，企业应当建立起相应的组织机构、操作程序、会计核算制度、统计信息记录、岗位职责、内部稽核检查及奖惩办法、人员素质培训提高一系列行之有效的管理规程并有效执行。另外，由于环境管理控制系统的信息内容以非货币非财务的定性信息为主，对其进行披露和揭示通常都是以财务报表附注或财务状况说明书的形式进行的，因此，对其管理和控制更多的属于管理监督范畴并应用管理审计的特性。

二、企业环境管理信息系统

（一）企业环境管理信息系统特点

Environmental Management Information System（EMIS），翻译过来也即环境管理信息系统，是以现代数据库技术为核心，并以电子计算机作为环境信息的存储载体，借助于计算机软件、硬件的支持，利用数据库技术对环境信息进行输入、输出、修改、删除、传输、检索和计算等基本操作。同时，还要与统计数学、优化管理分析、制图输出、预测评价模型、规划决策模型等应用软件紧密结合起来，进而形成的一个复杂而有序的、具有完整功能的技术工程系统。它不仅为各种环境信息建立起了数据库，同时也为环境管理政策和策略的实验提供了所需的空间。

对于环境管理信息系统而言，高度集中是其最大的特点，能将环保机构中的数据和信息集中起来，进行快速处理，统一使用。在数据库和网络基础上进行分布式处理是其主要的处理方式。在计算机网络和通讯技术高速发展的大环境下，环境管理信息系统除了可以实现环保机构内部的各级管理之间的联结，而且地理界限也不再是问题，通过将分散在不同地区的计算机网络连接起来，形成跨地区的环保机构各项业务信息系统和管理信息系统。由于它获取和处理数据信息都是服务于环境质量的预测、控制和规划等工作的，并且还为辅助环境决策的实现提供了坚实的基础，由此，环境管理信息系统又有了另外一个名称，即“环境决策支持信息系统”，它具有良好的人机界面、可操作性、可靠性等特点，同时，它还具有较高的数据共享性。

（二）环境管理信息系统的功能

环境管理信息系统，或者也可以称为环境决策支持系统，透过它的这一名称，我们可以看出它的功能，即为通过将各种有效的数据提供给使用者，以便对使用者对环境管理做出有效的决策有所裨益。具体而言，它主要具有以下几个方面的功能：

1. 全面准确的查询和检索各种环境信息

企业履行社会责任，对环境进行管理，要将对自身的生产经营活动所需要的环境要求和对环境的破坏程度进行评估作为其首要任务，这样，它进行环境科研和管理所需要的各种数据和信息就可以从系统中来获得，从而就可以使在大范围内对水、气、噪声及生态等环境要素进行实时、多维、多源、高效、高精度的在线监测，同时让对数据的获取、存储、分析、管理和表达进行检测的目标得以实现。

2. 分析各种空间数据

企业在环境管理工作中，利用模拟模型和管理模型等数学模型来加工数据，从而对区域环境的质量现状及污染源进行评价，对污染控制方案及经济发展所造成的环境影响进行预测，对区域环境质量控制进行规划等，其过程要比直接人力评估简化了很多。另外，由于计算机具有高速运算的特点，因此，其不仅可以节省资源，而且也使工作效率得到了很大的提高。

3. 提供决策支持

针对不同层次的环境管理部门所提出的不同要求，环境管理信息系统可以输出各种所需的图件和报告，为管理部门提供各种直观的数据图与报告，为环境管理工作提供辅助决策。

4. 降低系统成本

环境管理信息系统还可以对其本身的功能进行有效的利用，从而使系统成本降低，效益提高。

5. 成为与环境法规和环境管理标准相符合的辅助工具

因为环境管理信息系统是一个完整的体系，其规范性比较强，可以成为与环境法规和国际环境管理标准相符合的辅助工具。

（三）企业环境管理信息系统内容

企业环境管理信息系统主要是由“环境管理体系信息系统”“清洁生产管理信息系统”和“企业污染源排放预警管理信息系统”等几个子系统构成的。

作为一个以鼓励企业控制和减少环境影响为主要目的的管理体，环境管理体系目前拥有这样几种比较典型的代表：BSEH、IS014001：1996 和生态管理与审计方案（EMAS）等。这一系列标准，对企业的环境管理进行了规范，同时也为评价企业社会责任的履行情况提供了参考依据。

ISO14000 环境管理系列标准是为保护环境，促进社会经济持续发展，针对全球工业、农业、商业、政府、非营利性团体和其他用户制定而成的环境管理体系。1993 年 7 月 10 日，生态管理与审计方案（EMAS 法规）在英国的官方期刊上得到了最初公布，其得到正式实施是在 1995 年的 4 月。为了在方法上与环境保护领域社区层面的立法机制发展保持连贯，2001 年 3 月又对该法规进行了修改，为企业提供了以非常公开的、按照 EMAS 手册的要求详细地展示环境方面进展的途径，成为实施企业环境管理的一个重要标准。企业实施环境管理体系标准，可以使其自身的管理水平得到很大程度的提高；对于污染的预防和控制也是十分有利的，不仅可以使环境执法部门的处罚得到有效避免，同时还确保了企业保护环境的责任得到了实现，促进企业经济效益的提高；另外，还可以帮助企业节约成本、节能降耗，更好地走向国际贸易市场。

在 20 世纪 70 年代，清洁生产产生了，之后广泛应用于工业领域中。所谓清洁生产，其实就是在生产过程和产品中来持续运用整体预防的环境战略，采用先进的工艺和设备，尽量避免采用有毒的原材料，使污染物排放量不断降低，从而达到节能、降耗、增效、减污的目的。由于清洁生产是一种全新的污染治理方式和生产方式，因此，要想实现清洁生产，企业就需要在技术、观念以及组织等方面进行较大的突破。开发清洁生产管理信息系统，组建企业清洁生产审计小组对企业生产过程进行清洁审计，要做的第一项任务就是将排污部位和排放原因找出来，接下来要在存放输入的数据库系统中选择可以使排污得到消除和减少的措施，最后再结合ISO14000 环境管理体系标准实施清洁生产。

企业污染源排放预警管理信息系统，可以使企业不必担负由重大污染造成的人员和财产损失的困扰。博帕尔毒气泄漏事件和切尔诺贝利核电站爆炸事件相继发生于 20 世纪 80 年代的中期，其所造成的人员伤亡和遗传疾病之惨重，是无法想象的。因此，对于企业尤其是大型的化工厂和核电企业而言，十分有必要开发污染源排放的预警管理信息系统。企业的危险品信息、风险源信息、敏感部门和影响人群信息、应急救援信息、事故污染信息和地理信息等都应该成为该系统的主要内容。一般企业对污染源排放的预警管理信息系统所具有的功能主要体现在三个方面：一是信息检索与查询功能，二是预警模拟定位功能，三是系统维护功能。这些功能都有助于大型化工、核电企业对污染源进行预警，使环境管理收到良好的效果，并使污染事件发生的可能性得到降低。

另外，企业也可以结合自身的不同特点来对各种环境管理信息系统进行开发，如一个企业，不管其所处的地域、生产的产品以及经营范围的大小如何，都可以根据企业自身的实际情况，对先进的计算机技术进行灵活运用，开发出与企业自身相符的信息系统，具体情况灵活运用，从而实现信息技术与管理活动之间的有效融合，通过环境管理信息系统，使企业对环境管理活动的有效性得到明显增强。

（四）环境管理信息系统的建立

1. 建立环境管理信息系统的必要性和可能性

（1）必要性

近年来，随着人们对环境保护的重视程度不断增大以及环境管理工作的不断深入，环境管理信息系统最终得以产生和发展起来。国内外的实践都表明，在促进环境保护工作以及使环境管理得到强化方面，对较为完善的环境管理信息系统的研制和建立发挥着极其重要的作用。

①环境管理信息系统是科学、有效的环境管理的需要

由于环境管理系统中包含有众多的变量并且结构十分复杂，因此，其

只有在得到外界的能量、物质和信息输入的情况下才能够正常运转。环境管理系统要具有应变的灵活性和适应性，这主要是由各种环境因素和经济因素的复杂性、多样性和易变性决定的。因此，环境管理系统要想得到有效的运转，信息和信息反馈的作用就更加无可取代了。环境管理的过程，实际上就是对环境管理信息的传递、处理和反馈的过程。信息的作用渗透于环境管理的每一个部分、每一个环节之中，环境管理系统的功能要想得到充分的发挥，关键在于信息和信息的使用。因此，进行科学、有效的环境管理，并对环境与经济的关系进行协调，将环境效益、经济效益和社会效益有机地融为一体，达到环境管理的最终目的，就不得不提高环境管理中信息的利用效率。正是在这样的功能的推动之下，环境管理信息系统才得以产生，并且也将会因此而得到迅速的发展。

②环境管理信息系统是经济、高效地利用信息的需要

环境管理信息系统不仅可以接收来自信息发生源（环境管理部门、监测部门、统计部门等）的信息，同时还可以向信息使用者（环境管理人员）提供信息。该系统实现了环境管理信息和环镜管理人员之间的有机结合，使环镜管理信息系统在环境规划、管理等工作中起着十分重要的信息传递媒介的作用。

随着我国环境保护工作实践的不断开展，人们对环境管理工作的认识水平也越来越高。近年来，由于对环境建设和环境管理的关系进行了正确的区分，环境保护部门将强化监督管理这一基本职能进一步明确定位成自己的职能。环境保护部门的管理职能要明显强于过去，对环境管理也提出了更高的要求。由于环境管理信息系统对环境管理发挥着重要的支持和辅助作用，因此，各级环境管理部门越来越迫切希望建立和发展环境管理信息系统。

（2）可能性

目前，在环境信息的收集和整理等方面，我国已经做出了大量的工作，事实上，初级的人工环境管理信息系统的某些职能也已经得到了实现。同时，也已经具备了建立计算机环境管理信息系统的条件。首先，在国内环境管理部门中，各种微机的使用都已经十分普遍，其中，得到较为广泛的应用的典型代表就有 IBM 系列微机以及长城系列微机等，这样就从硬件上为环境管理信息系统的建立提供了保障。同时，IBM 机上的 dBASE Ⅱ，dBASE Ⅲ 等数据库管理系统，特别是 DOS 等操作系统的通用性及其提供

的与算法语言的良好接口，使得良好数据检索和计算两项能力在环境管理信息系统中都得到了体现。环境管理系统模型及其数值解法的研究，从理论和技术上奠定了建立环境管理信息系统的基础。

2. 建立环境管理信息系统的过程和应遵循的原则

通常情况下，下面几个阶段是建立环境管理信息系统必须要经过的：前期准备工作；初始环境评审；环境管理体系策划；环境管理体系文件编制；环境管理体系试运行；环境管理体系内部审核；环境管理体系申请认证。此外，下面几个原则也是环境管理信息系统在建立和实施的过程中所必须要遵守的：

（1）结合企业组织的自身特点

只有根据企业组织的环境目标、指标和环境管理方案，环境管理信息系统才能够得以顺利地建立和运行，所以，在环境管理体系建立的过程中，其标准和要求的实施必须要与企业组织的具体情况相结合，做到切实可行，只有这样，实施的结果才能够对企业组织不断改善其环境行为起到一定的促进作用。

（2）与企业现行的管理体系相结合

环境管理信息系统是按标准要求建立起来的一种新的运行机制，它可以对环境管理的具体活动进行组织实施，使组织的环境行为得到改善，从而确保可持续发展的目的得以实现，它与组织原有的管理体系具有着密切的关系。由此来看，环境信息管理系统的建立过程其实就是以标准要求为依据来调整机构、明确职责、制定目标、加强控制，从而实现环境管理信息系统与组织的全面管理体系的有机融合。

（3）不断改进和完善

环境管理信息系统的运行的具体实施，是以标准中管理要素所规定的环境方针规划为依据的。同时，在社会不断进步、客观情况不断变化的情况下，其也在进行着不断的改进、补充与完善。因此每经过一个循环过程，其环境目标和实施方案都需要进行重新制定，并要对相关要素进行调整，从而不断完善原有的环境管理信息系统，使其运行状态得到不断提高。

（4）实现各类系统一体化

对于一个企业组织而言，如果它已经通过了ISO9000系列的标准认证，质量管理和质量保证体系和环境管理体系也都已经建立了起来，形成几个管理体系并存的局面，其环境管理信息系统的建立，要与国际标准化组织制定的一系列质量和环境标准进行充分结合，一切都围绕着组织的可持续发展。另外，还要在对企业自身的特点和实际情况有一个明确的认识的基础之上，调整机构设置、明确职责、互相协调、合理配置资源，在确保各类管理体系之间相互独立的同时，又能形成一体化的管理。

第三节 利益相关者对环境会计信息的利用分析

一、利益相关者及其基本关系

米尔顿·弗里德曼（诺贝尔经济学奖获得者）曾经说过，在企业遵守相关法律法规与要求的前提下，使其利润得到不断增加是企业的一个而且是唯一的一个社会责任。根据现代财务理论，使利益相关者的价值得到最大化的目标是企业一直的追求。由此可知，在企业的经济活动中，企业的利益相关者发挥着十分重要的作用。因此，为了使企业利益相关者之间进行更加密切的沟通与合作，企业会计必须要将最为真实可靠的会计信息尤其是当下最为热门的环境会计信息提供给利益相关者。

从最广义的经济学角度，我们可以把利益相关者定义为：一切能够或给企业活动带来影响或被企业活动影响的人和团体都是企业的利益相关者。以能否参与企业的集体选择为依据，我们可以将企业的利益相关者划分为三类。企业内部的利益相关者是其中的一类，企业内部的管理层及其员工是主要组成部分。这类利益相关者在企业的集体选择进行了实际的参与，在利益上他们与企业是一致的，同时企业目标的决策和制定工作也是由他们来承担的，并且他们还试图借助彼此协作来确保企业的共同利益和目标的实现。原因就在于，企业的商业价值主要就体现在企业内部利益相关者的共同利益和目标上。另外，企业内部利益相关者也是分享这一商业价值的实质主体。企业外部的利益相关者是另一类，其中，国家管理机构、企业当前及潜在的股权投资者、银行债权人等是主要构成成分。该类利益相关者在企业的集体选择中是不能直接参与的，但作为企业的利益相关者中的一类，他们的利益也会直接受到企业活动的影响，并且这种影响会在企业的社会价值上得到体现。而与企业有密切关联的社会公众就是第三类了。他们之所以会成为企业的利益相关者，主要是由于他们接受了进行会计信息审查与鉴证的中介组织（会计信息评估师和注册会计师）的审计，由此来看，这类企业的利益相关者也可以算作企业的外部相关者，但这类利益相关者在环境会计信息的研究中很少受到关注。值得一提的是，企业外部利益相关者不仅可以作为环境因素对企业的商业价值（内部利益相关者价值）造成影响，同时还是主要的企业社会价值的分享者。

从环境会计信息的利用上来看，各个利益相关者与企业之间是相互影响的。具体可以从两个方面进行阐述：一方面，利益相关者的利益会受到企业的行为、决策方案以及政策活动的影响。例如，如果一个企业只是一味地追求经济目标的实现，而没有重视对环境治理的投资，这样就会造成环境污染，进而很可能会对社会的生态平衡和社会公众的生活质量造成直接影响。另外，如果企业所反映和提供的环境会计信息具有一定的虚假成分，那么，就会给投资者及其他利益相关者的决策的科学性和有效性带来直接的影响。另一方面，企业的行为、决策方案和政策的制定与执行反过来也会受到这些利益相关者的影响。例如，政府出台的环境政策与法规等会对企业的决策造成直接影响。另外，企业的形象乃至效益也会在一定程度上受到企业回应社会公众提出的环境质量要求的质量的影响。因此，企业要想获得较好的生存与发展，不仅要将充分且有效的环境会计信息提供给利益相关者，还要鼓励利益相关者参与企业环境会计信息的取得规范以及相关政策的制定。

对于任何一个公司的发展而言，各种利益相关者的投入或参与都是不可或缺的，原因就在于各利益相关者与企业之间有着密切的联系。由此出发，我们可以把企业看成是对专业化投资进行治理和管理的一种制度安排，因此，为利益相关者服务也就是其必然的职责。因此，企业要提供环境会计信息给各利益相关者，并且要确保这些环境会计信息是真实可靠的。只有这样，各利益相关者的需要才能得到满足，他们的利益才能够实现；各相关利益者之间的效用才能达到均衡，共同达到帕累托最优状态，从而使企业的会计目标得以最终实现；才能进一步督促企业更好地承担社会责任，不仅要使利益相关者的利益得到最大化，还要通过利益相关者的合作与监督来使企业对其社会责任信息进行充分披露，从而使其行为得到规范，树立良好的企业形象，使企业竞争力得到不断提高，促进企业经济目标的实现。从目前的经济发展趋势来看，由于环境问题变得越来越严峻，提供真实可靠的环境财务报告已经成为了企业所有利益相关者对企业制度安排的期望。另外，他们还希望企业能够对其所需要的环境会计信息进行披露，进而使各利益相关者的不同价值取向都能够得到体现，各自的不同利益得到实现。

二、利益相关者对环境会计信息利用的价值取向

（一）企业内部的利益相关者的价值取向

1. 企业管理者的价值取向

一方面，企业管理者对于环境会计信息的要求要比外部信息使用者更加全面和具体，他需要利用环境会计信息来使企业与社会的环境效益达到最大，并尽量确保由环境问题导致的经营风险和财务风险不会出现，从而为其通过综合运用环境管理和经济管理来实现企业的经济目标提供帮助。另一方面，企业管理者为了能够将有用的环境会计信息更加清楚地提供给企业外部信息使用者（外部利益相关者），使投资者可以从中看到其所委托的责任，并使企业的社会责任能够在社会上得到履行，就必须要对企业经济效益和社会效益（其中必须要有环境因素）进行反映。另外，企业管理层也可以在较好地掌握环境会计信息的基础之上，使企业的社会环境责任得到更好的履行，在确保环境措施正确的情况下对其进行实施，进而使企业获得更好的社会形象，从而为企业带来无形的商誉资产效应。

2. 企业员工的价值取向

企业员工是企业生产经营活动的直接参与者，他们不仅会受到环境污染的直接危害，同时还会在开展环境保护活动的过程中受益。因此，必须要将企业的环保措施和相应的治理效果向他们公开。员工只有对企业的环境信息有一定的了解，才能够使他们对自身可能会得到的利益或损害有一个清楚的认识，才能够使他们与企业之间的合作关系得到改进，才能够将他们进行生产和生活的积极性充分地调动起来。这种情况在实行职工持股的企业里表现得尤其明显，企业员工与企业投资者是一体的，如果一个企业通过某种形式向员工进行了集资，那么，员工也就成为了企业的债权人。在这种情况下，由于员工具有投资者与债权人的双重身份，因此也就具有了更加迫切的信息需求，为了实现他们自身的经济利益，他们发出了更加强烈的了解企业的环境会计信息的呼声。

（二）企业外部的利益相关者的价值取向

1. 投资者的价值取向

对于环境会计信息而言，一个最主要的使用者就是投资者。首先，投资者由于考虑到投资的安全性和收益性，对企业环境绩效在企业财务状况和营利能力方面的影响是非常关心的。其次，随着投资者自身素质的不断提高，越来越多的投资者将资金投入到那些具有良好的环境意识并能够主动地承担起环境道德责任的企业中去。所以，他们对于企业活动所造成的环境影响比较重视，对于企业的环境信息也具有一定的需求。

2. 政府的价值取向

由于政府是国有资产的代表和社会管理者，因此其也就拥有了自然资源的所有权。一方面，政府通过转交使企业获得了环境资源的使用权，因此，其也就具有了要求企业提供环境会计信息的权利，这样有利于对企业受托责任的执行情况及其生产经营是否符合环境法规进行及时的了解。另一方面，国家行政执法部门为了进一步加强对宏观经济的管理和控制，也需要对环境会计信息进行分析和利用。例如，环保部门在分析和利用企业提供的环境会计信息的基础之上，可以对环境保护方面有一个整体的把握，进而制定出相关的环保法律、法规与政策，促进整个社会环境质量的提高；而税收部门可以以此来判断企业所采取的环保措施与影响得当与否，并在此基础上决定是减免税收还是加重税收。

3. 金融机构的价值取向

就目前的情况来看，环境问题已经进入了各类金融机构的基本业务活动中。以银行为例，由于其是企业的债权人，因此，一方面，在贷款发放前要考虑贷款的安全性成为了它的一个重要的任务，这就需要对企业的财务状况进行全面的分析，其中，环境问题可能引发的潜在负债和风险就是一个重要的方面；另一方面，由于环境问题已经引起来全社会的普遍关注，银行向企业贷款时也越来越考虑到环境保护和环境污染问题，甚至会把它作为最主要的考虑对象。对于保险商而言，也必须要充分分析与考虑企业参保的财产中所隐含的环境风险，否则，就很可能会因为要支付给企业一笔巨额的环境治理费用而遭受巨大的经济损失。因此，企业在确定是否要接受企业的投保时，必须要将企业的环境绩效作为一个重要的参考。

4. 商品市场上的有关各方的价值取向

商品市场的各个参与者，出于对各种因素的考虑，会对企业的环境绩效和环境形象表现出极大的关心，对于企业的产品和劳务在生产、使用及之后产生的环境影响也都很关心。而作为消费者，随着物质生活水平的不断提高，他们对于所消费的产品和劳务是否会在生理上及经济上给他们造成不利影响会越来越关心；而且随着消费者自身素质和修养的不断提高，自身的消费行为是否会危害到他人和环境也成为了他们关心的内容。随着绿色消费主义逐渐成为了一种时尚，人们对于绿色商品和绿色企业也表现出了越来越浓厚的兴趣。在消费者的影响之下，产品和劳务的经销商和生产商，对于供应商的产品和劳务是否会在使用中及使用后带来环境污染，以及是否承担起了相应的环境责任开始表现出了关心，同时，所经销的商品和劳务是否具有绿色环保标志也是他们比较关心的。按照目前的市场消费倾向，一个企业要想在市场上确立其公认的良好的环境形象，就必须要不断地向外界报告其环境信息。

（三）企业与社会公众价值取向

作为社会公众，由于企业的环境行为会给他们带来直接的利益或损害，因此，对企业的环境信息进行了解也是他们的一项权力。从长期来看，企业环境行为的改进不仅会使企业财务受到直接影响，如降低成本、负债和费用等，还会给企业带来无形的利益，包括雇员伦理的完善、公司形象的改进以及环境友好产品与未来市场的开发等。这些都会在一定程度上对企业的劳动力供应、正常运营以及销售和盈利造成影响，由此可知，社会公众的态度对于一个企业能否存在下去具有着决定性的影响，因此，企业还必须要将必要的环境信息向公众公开。但是，由于社会公众并不是企业环境会计信息公开对象中的一个独体的主体，因此，他们要想对其利益是否实现进行了解，必须要通过环境评估师和注册会计师等中介组织的作用。作为公众责任的承担者，这些中介组织尤其是会计师事务所出具的审计报告是否真实，将会对社会公众的利益造成直接的影响。

注册会计师是独立于企业与社会公众的，因此，其不会受制于两者中的任何一个，并且也不会偏向于二者中的任何一个。他们在国家有关的环保法律、法规以及相关的会计法规、制度和准则的要求之内，来鉴证企业的环境会计信息的合理性、合法性、全面性及真实性，并独立进行企业环境会计信息审计，从而形成客观的、能够将企业的真实信息反映出来的审计报告。所谓的“环境审计”指的也就是这一过程。换句话说，环境审计就是通过验证企业所披露的关于环境的信息，来确保企业所提供的环境信息的可信性，从而使社会公众对企业环境信息利用的价值取向得到满足。这不仅可以使社会公众的自身利益得到保障，而且还会为社会认可企业的生产活动提供了保证。对于上市公司更是如此。现在，对于上市公司而言，注册会计师所进行的环境信息审计报告意见，很可能会对其能否上市产生直接的重要的影响。综上所述，一方面，社会公众为了实现其利益需要注册会计师披露企业的环境信息；另一方面，注册会计师通过环境信息审计活动，出具审计报告，可以帮助企业形成良好的社会公众形象，促进其既定经济目标的实现，使企业获得进一步发展。

三、利益相关者对环境会计信息利用的博弈分析

（一）企业和政府部门之间的博弈分析

传统经济的发展是在过度依赖资源的情况下取得的，但在经济高速发展、人们文化思想意识水平不断提高、环境问题日益严重的今天，可持续发展及环境保护的重要性已开始逐渐为政府部门所认识到，为此，其将可持续发展确定为发展任务，并对环境保护的必然性进行了明确，并且企业也逐渐将知识和技术密集型生产作为其主要的发展方向。但是，由于企业和政府是两个不同的利益主体，因此二者在目标上也就有很大的不同。企业的主要目的是追求自身经济利益的最大化，只要可以使企业的价值得到增长，其他利益主体的需要就会被企业忽略掉，而政府则是以公共事业为其主要目的的，主要服务于人们的日常生活和社会的长远利益。环境会计信息由于可以对企业的环境保护现状进行评估并对未来存在的环境风险和质量进行预测，因此，其在企业和政府的博弈活动中起着重要的中介作用。企业在进行环境信息披露与否的决策过程中，必须要对政府要求其进行环境信息披露的强制性进行充分的考虑，这主要体现在经济和法律两个方面。另外，企业还会对进行环境信息披露的成本进行充分的考虑。一方面，由于环境会计在健全性上还有缺陷，其在会计核算、计量和披露等方面的方案还不统一，因此，进行环境信息披露的成本可能会高一些；另一方面，一旦向外界泄露了企业的重要的财务信息，那么，企业将要承担起其所带

来的较大的机会成本。因此，企业在进行环境会计信息披露时是具有一定的选择性的。而政府机关，由于是行政主管部门，其不仅要在公共事业的利益、大众利益以及经济的可持续发展等目标的推动之下来理性地调控环境会计信息的披露，还要对自身的政绩进行考虑，为了使本地经济在一定时期内得到发展，对于企业环境会计信息披露的政策就不能过于苛刻。这样，政府的利益和企业的利益就形成了密切的联系，脱离了企业，经济的正常运动就无从谈起，这也就必然会损害到政府的利益；同时，企业在其经济利益得到实现的情况下，还要对政府的强制性要求进行充分的维护，这样企业才能够得到长久的生存，从而使企业和政府之间的博弈达到“权利与均衡”。

（二）企业与社会的博弈分析

在目标上，企业与社会存在着很多的一致性，企业在追求价值最大化的同时，也使社会就业率得到了相应的提高，从而使劳动生产率和公众的生活质量得到了一定的提高。但两者也有很多地方是不同的，其中，环境保护就是一个最为重要的方面。很多时候，企业为了追求利益的最大化，常常会将工人的健康及社区的生活环境质量忽略掉，从而使社会整体利益遭到损害。而企业所造成的环境影响的程度也决定了社会所给予的反映的程度。企业环境会计信息的披露是自愿与社会性相结合的一种行为。但在现阶段，由于环境会计信息披露机制还不成熟，环境会计信息的披露整体上还是以企业的主动性和自愿性行为为主。如果企业不能够进行充分的环境会计信息披露，那么，社会和公众对其的认可度也将会大打折扣，甚至还会在一定程度上不利于其将来的经济发展。反过来，如果企业进行了充分、及时而恰当的环境会计信息披露，社会与公众就可以对企业的发展前景进行比较准确的预测，以便对企业未来的收益和风险进行较好的评估，促进企业公信度的提高，相应的，企业的经济和社会价值也会得到增加。因此，在提高自身价值、增加收益的推动下，企业还是比较愿意将更多的环境会计信息进行公开的。所以，社会和企业要在合作信赖的基础之上进行博弈，从而使企业的核心竞争力得到实现，并创造最大社会财富，使环境资源绩效得到提高，达到博弈均衡。

（三）企业经营管理者与股东之间的博弈分析

在现代企业制度中，所有权与经营权逐渐实现了分离，经营者为了使自身利益最大化，可能会以所有者（股东）获得较低利润为代价。由于公司的生产经营并不是由股东直接进行的，因此对于企业环境会计信息的了解并不像经营者那样充分。正因如此，经营者如果认为一个信息的披露可能会对他们造成不利的影响，那么，他们为了实现最大合理的效用，也就不会再披露了；而如果对他们有利，那么，他们可能会在不考虑对股东有利与否的情况下就进行披露了。就股东自身而言，他们也希望对企业的相关信息及经营状况进行更多的掌握与了解，以便对其利益能否实现进行预测，但这需要支付很大的人力和财力成本。从经济的角度来说，当花费的成本要比获取的相关环境信息的收益高时，获取信息的价值也就不存在了。由于二者的利益是不同的，股东以企业价值的升值为主要追求，而经营者则以自身利益为唯一追求，因此，股东与经营者要想实现均衡，其博弈就需涉及物质和精神两个方面。在物质方面，股东会制定出相应的激励报酬计划，以便于经营者可以参与到企业增加的财富的分享中去，从而鼓励他们围绕企业的最大利益来采取行动。例如，企业股票涨价后，可以以现金或股票的形式来奖励经营者。另外，报酬的数量及支付方式也是多种多样的。报酬太低，对于经营者将不会起到激励作用，不利于股东的最大利益追求；但报酬太高，就意味着股东需要付出很大的激励成本，其最大利益的实现也会受阻。因此，激励并不能从根本上使全部的问题都得到解决。在精神方面，经营者对于闲暇时间的增加是有要求的，因此股东有必要对其工作时间和强度进行适当的减少，如果条件允许的话，还可以使经营者占有一定的名誉股份，使其自身利益与企业价值之间形成密切的联系。最后，股东和经营者之间的博弈还可以通过监督这种形式，但实际上，几乎不可能实现全面的监督。相比全面监督管理行为所带来的收益，它可能需要付出更高的代价。不难发现，股东和经营者之间进行的博弈，总是充满着监督成本、激励成本、增加闲暇等精神方面的机会成本和经营者偏离股东目标的损失之间的此消彼长，相互制约。

（四）企业与社会公众通过注册会计师行业实现信息利用的博弈分析

就我国目前的情况来看，只有通过注册会计师行业进行的审计报告，社会公众才能够取得环境会计信息，同时，对于企业而言，注册会计师审核其资产等相关信息的行为对于其获得投资者及社会公众的信任也具有十分重要的意义，因此，注册会计师与各种社会成员之间有着不可割舍的必然联系。在注册会计师进行环境审计时，由于企业和社会公众在环境信息披露方面意见存在分歧，而作为独立主体的注册会计师在维护社会公众的利益的同时，还要保持严格的中立精神，因此，其必然会在环境审计过程中就环境信息披露方面与各利益方进行博弈，这就要求他们必须要对不同主体所要求的环境信息披露的程度有一个清晰的了解，以使进行审计的态度和行为都保持“温和”，从而使博弈各方达到均衡。

通过更加深入的分析发现，注册会计师受到企业的委托对其包括环境会计信息的财务报表进行审计，并形成审计报告。从企业的角度来说，为了使自身的社会公信度提高，获得更多的投资，从而取得一定的经济利润，就必然会要求注册会计师出具最为详细的审计意见。因此，企业就会不断地向注册会计师施加压力，促使其站在自己这一方，充分代表企业的利益。对于注册会计师而言，由于其是独立的审计主体，进行独立的审计活动，它的主要目的是出具真实的审计报告，使社会公众的环境需求得到满足，因此，他必须要在企业利益诱惑面前保持清醒，确保其对企业报表的披露是合法、合理、真实与完整的。但是，在一些主客观因素的影响下，注册会计师很容易在利益的诱惑下而站到企业那一方去，代表企业的利益，这样，其所出具的环境审计报告的真实性就被破坏掉了，这是与社会公众的意愿不相符的。因此，只有利用相关的法律法规对注册会计师的审计行为进行约束，使其对企业环境会计信息的披露行为控制在相关的审计法律和制度范围以内，使企业的需求得到满足，实现社会公众与企业在信息利用上的均衡；此外，在环境审计过程中，还要将与社会公众切身利益相关的环境信息部分作为重点，既要保持信息披露的适当性，又要使社会公众的利益需求得到满足，这样企业与社会公众在环境信息利用的价值上才能够达到均衡。

四、利益相关者对环境会计信息利用的均衡分析

（一）供需平衡分析

以经济学的观点来看，信息的供给者和需求者都是环境会计信息的利

益相关者，但是作为两个不同的利益主体，他们所有的行为选择都是为了使自身的利益达到最大化，因此，要他们就具体披露的信息形成一项具有约束力的协议并不是一件容易的事，由此可知，二者之间的博弈是一种非合作博弈。作为信息的供给者，其有两种选择：一种是对于某些环境信息不予以披露，或者向投资者提供虚假的信息；一种是按照有关规定的要求，将可靠的环境会计信息披露给需求者。而作为信息的需求者，面对供给者所提供的信息，也有两种选择，即接受或拒绝，从而使企业受益或受损，这样，博弈过程中就会产生不同的收益函数。表 5–1 就是对这种博弈模型的具体分析。

表 5–1 环境会计信息供需双方的博弈分析

信息供给者 / 投资者（信息需求者）	真实披露	虚假披露或选择披露
购买	30，25	5，35
拒绝	15，5	15，10

观察表 5–1 可以发现，如果信息的供给者与需求者之间的博弈只有一次，并且是短暂的、非合作的，那么，投资者无论做出何种选择，相较于真实披露，信息的供给者进行虚假披露或选择披露时所获得的效用要更大。因此，信息供给者为了获取自身利益，选择虚假披露或选择披露的可能性要大一些，相应地，投资者也会选择拒绝购买，这样，二者之间的博弈就形成了如表右下角所示的（15，10）的双方效用战略组合的最终结果。

但是，在企业的发展过程中，这种交易并不是只有一次的，这就决定了投资者与企业之间的博弈的长期复杂性。博弈双方在对战略方案进行选择时，都会以更长远的利益作为出发点，这样一些会阻碍信息供给者和需求者的利益实现的消极因素就不会产生了。因此，在建立良好声誉的目标推动下，企业通常都会对环境会计信息进行充分而真实的披露，而这又会使投资者对企业的信息得到增强，这样得到的博弈结果又转化为了表左上角（30，25）的战略组合，实现了社会资源在全社会的最优配置。

综合以上信息分析来看，在企业长期发展过程中，要利用有效的激励措施对信息供给者提供真实可靠的环境会计信息的行为进行引导；另外，还要对一次具体交易中信息供给者为了追求眼前利益而造成的社会福利损失给予高度重视。为了使信息供给者与需求者之间达到均衡，我们提出了下面一些改进的建议：

1. 提高披露真实环境信息的效用（表 5–2）

表 5–2 提高真实披露的效用后博弈的改变

信息供给者 投资者 （信息需求者）	真实披露	虚假披露或选择披露
购买	30，45	5，35
拒绝	15，25	15，10

从表 5–2 中可以发现，不管投资者购买与否，信息供给者只要进行了真实的环境会计信息披露，其效用就可以增加 20，并且还要比虚假披露或选择披露的效用高，博弈获得的最终结果为表左上角的（30，45）的战略组合。因此，信息供给者会理所当然地进行环境会计信息的真实披露，这样不仅会使信息供给者更具有进行真实披露的动力，而且也有利于需求者对企业形成良好的印象，使企业赢得良好的商誉价值，从而实现二者之间的博弈的均衡。

2. 降低虚假披露和选择披露的效用，建立依赖于法律法规的惩罚制度（表 5–3）

在表 5–3 中，由于实施了严厉的处罚，信息供给者选择虚假披露或选择披露的效用下降了 20，原来的效用为 35 和 10，而现在只有 15 和 –10，要比对环境会计信息进行真实披露时的效用低很多。因此，作为理性人的信息供给者，都会将真实披露作为其唯一的最优选择，投资者购买或拒绝都不会对其造成影响。在信息供给者进行环境信息真实披露而投资者又在实现效用最大化的推动下选择购买的情况下，二者之间的博弈就会达到（30，25）的战略组合的最终结果。

表 5–3 进行严厉处罚后博弈的改变

信息供给者 投资者 （信息需求者）	真实披露	虚假披露或选择披露
购买	30，25	5，15
拒绝	15，5	15，–10

由此可以看出，建立法律法规的惩罚机制，对于企业内部管理人员进行环境会计信息的虚假披露或选择披露具有一定的遏制作用。

（二）纳什均衡分析

纳什均衡，在博弈论中是一个重要的术语，也可以称之为非合作博弈均衡。双方在进行博弈时，不管对方做出怎样的策略选择，己方都必须要确定一个最终的策略，这个策略就叫做支配性策略。而所谓纳什均衡就是指博弈双方最终确定下来的支配性策略所构成的策略组合。纳什均衡也就是一个策略组合，这意味着博弈的双方都要通过这样的策略来使自己期望的收益达到最大化。纳什均衡实际上是一种僵局，其他参与人的策略一定，积极偏离这种均衡的局面是不会出现的。经济学上的完全竞争均衡也属于纳什均衡，它形成于非合作博弈之下，这就导致博弈双方都围绕着自身利益来寻找合作的可能性与方法途径，从而使双方的福利都得到改善。

作为企业的各个利益相关者，他们对于环境会计信息的利用则构成了经济学中所谓的“纳什均衡”，各个利益相关者为了实现自己的利益，都会选择对自己最优的解决方案。但是，不同的利益相关者会有不同的环境会计信息的价值取向，这样他们要形成真正经济学意义上的“纳什均衡”也是十分不容易的。对于企业的外部利益相关者而言，获得环境会计信息的真实资料是他们的意愿，因为这样他们才能对自己权利的保护情况及社会福利是否达到最优进行准确的了解。另外，作为企业外部利益最有力的监督者，政府也对企业提供真实的环境会计资料提出了强烈的要求，这样有利于其运用宏观手段对各利益主体的利益进行约束和保护。而企业则恰相反，其作为内部的利益相关者，对环境会计信息进行完全真实的披露则是其所极力要避免的。这主要有两方面的原因：一是环境会计信息披露是需要花费一定的成本的；一是企业进行的环境会计信息披露很可能会损害到企业的投资者、企业的形象与前景等。因此，企业对于完全披露甚至披露环境会计信息是有抵触的，这样，就促使利益相关者之间形成了非合作博弈均衡，也就是“纳什均衡”。表 5–4 为企业提供与不提供环境会计信息所形成的收益函数。

表 5-4 环境会计信息所形成的收益函数

A 企业 / B 企业	提供	不提供
提供	R，R	0，R
不提供	R，0	0，0

从表 5-4 中可以发现，当 A、B 两企业都进行了真实的环境会计信息披露时，相应的，二者的获得的收益也都为 R；如果 A、B 两企业中只有一个提供了环境会计信息，另一个不提供，那么相应的，也就只有提供者获得收益 R，不提供者则不能获得收益。因此，企业在与各利益相关者进行博弈的过程中，如果想要达到"纳什均衡"，其唯一的选择就是提供环境会计信息，给予环境保护问题以高度关注，并且对于自己的社会责任还要勇于承担，在博弈中取得优势，获取较高收益并使环境成本减少。作为企业最主要的外部利益相关者，政府要充分运用法律法规和政策来实现对博弈双方的约束，形成"纳什均衡"，确保企业主动进行自然环境保护，使其生态效益得到提高；并且要借助于税收、社会公众参与与监督以及环境诉讼等，督促企业对自然资源进行有效的开发与利用，使其经济行为造成的环境破坏降到最低，从而实现经济、社会和环境的可持续协调发展。因此，企业只有充分地提供和披露环境会计信息，才能确保较好的自身利益和社会利益。但是，环境会计信息的完全披露与否还要受到社会和政府的监督的影响，政府等只有按照相关的环保法律法规对环境会计信息的合法性与真实性进行监督，才能使企业的环保意识加强，对生态环保效益给予高度重视，并使企业的商誉在无形中得到提高，增加其投资取向的多样性。

五、研究结论与政策建议

通过以上对利益相关者对环境会计信息利用的博弈分析和均衡分析可以发现，由于信息的供给方（企业）在动机、立场及价值取向上明显区别于需求方（各个利益相关者），因此在环境信息披露的过程出现冲突也就在所难免了。就企业的利益相关者而言，是比较愿意获得真实可靠的环境会计信息，并对企业的环境支出、或有负债以及潜在的环境风险进行了解的，因为这样对于他们对预期价值和投资风险进行估计并确定投资决策是十分有利的。但是，企业管理者作为环境会计信息的提供者，很可能会进行环境会计信息的选择披露或虚假披露，主要原因有二：其一，环境信息的计量比较困难，要进行环境会计信息的充分而真实的披露就需要支付较大的成本费用；其二，真实的环境信息披露很可能会损害到企业的利益。但是，经过多次博弈之后，利益相关者之间还是会最终实现均衡效应的。因此，企业要想实现收益的最大化，就必须要充分而真实地提供与披露环境会计信息。只有这样，企业相应的环境成本才会下降，企业在履行环境责任上的社会公信度才会提升，企业的经济目标和社会总体目标才会一致，各方的利益才会达到最大化，才能最终实现经济和社会的可持续发展。

在利益相关者之间的对立统一关系的基础之上，为了解决“均衡”的问题，我们从利益相关者和宏观政策两个方面提出了一些建议和意见，具体如下：

（一）企业应健全内部环境监控约束机制

就企业而言，其经济发展和利益目标的实现与否都要在很大程度上受到各利益相关者的重要影响。因此，各利益相关者与董事会、经理层就环境问题形成了一种环境监控约束机制，要求企业管理者必须要及时提供完整、真实的环境会计信息，并对其经营管理行为进行监督，督促其对环境风险因素进行充分考虑并做出正确的决策，确保各自既定目标的实现。企业的内部利益相关者越来越重视企业的环境风险问题，对于企业恰当识别、处理与控制企业潜在的环境风险并积极实施环境保护措施提出了更高的要求，这样有利于企业的环境风险意识和防御措施得到提高，使企业的内部利益相关者对于环境信息的需求得到满足。

（二）企业应加强“环境形象与责任”自身建设

企业之所以要进行环境信息披露，尤其是自愿披露，主要就是因为其受到了良好的环境意识和强烈的社会责任感的强烈推动。企业要培养其进行环境信息披露的自觉性，最好从建立企业文化入手，对现在正从事环境会计工作的会计人员进行专业的培训，可以使其环保知识变得更加丰富，使其知识结构得到改善，在其后续教育不断加强的情况下，提高其完成环境信息披露工作的能力。这样就可以确保其向企业和利益相关者提供更加真实可靠的环境会计信息，对企业的经济决策进行科学的引导，使企业内部成为实现整体利益最大化的突破口。

（三）政府应注重引导企业实施可持续发展战略

在我国环保法律法规得到不断完善，社会公众的环保意识逐渐加强以及信息技术日新月异的情况下，企业因所造成的环境影响要支付更多的成本费用；相反，企业获取环境管理信息所需的费用却大大降低了，环境会计信息在经营决策中所起的作用也越来越重要。因此，政府和社会作为企业重要的外部利益相关者，必须要对企业的经济决策进行科学的引导，帮助其走上经济与环境可持续发展的道路，对企业传统的以实现股东价值最大化为唯一的目标进行改革，逐渐转变为以经济、社会和环境作为总体目标，以企业经济—生态效益的提高作为经营目标，将经济增长和环境友好的理念真正落实到实处，实现可持续发展，实现各方利益的真正均衡。

（四）政府应尽快完善会计准则的制定

就目前的情况来看，我国的环境会计的发展还不是十分的完善，环境因素并没有被真正地列入到会计要素中去，这样，很多企业只一味地追求经济发展，却没有对环境治理等问题给予足够的重视，没有在报表中对环境会计信息进行披露，进而导致了各利益相关者由于不知情而受到损害。因此，对于政府而言，尽快制定出相应的会计准则与制度并将环境会计因素包含进去成为了一项十分迫切的任务，因为只有这样，才能使企业环境问题的解决做到有法可依。通过制定统一的原则、标准和规范，可以使各个行业的环境信息披露要求都得到满足，使环境信息披露变得更加规范，并在进行披露的同时适时地对其他各方的利益进行保护。另外，如果政府还没有制定出统一的环境信息披露准则，或者即使已经具备了这样的准则但各利益相关者对信息表现出了不同的侧重点，那么，为了使他们阅读起来更加方便，要通过多种信息披露方式来进行信息的披露，从而为不同的利益相关者利用环境信息提供便利。

（五）政府和社会应加强对注册会计师的监管

我国的环境审计目前来看还存在有很大的缺陷，这主要体现在：我国社会中介组织中的注册会计师行业对于环境审计还不是十分熟悉，注册会计师还没有形成关于环境审计的全方位的知识体系。因此，我们必须要对注册会计师的环境审计教育进行进一步的加强，不断扩大与丰富其相关的学科知识，对其进行环境学的相关培训，从而使注册环境审计队伍建立起来，并保证该队伍具有优化的结构及较高的素质，以便在今后更好地实施环境审计。尤其需要注意的是，政府要将对注册会计师进行审计的监督作为一个重点，通过相关的环境审计行业规范对其审计行为进行约束，确保其保持真正的独立身份，以便保证其出具的环境审计报告具有较高的质量，进而得到社会公众的长久认同和信任，使社会公众得到最大化的利益，真正实现需求均衡。

（六）培养社会公众的环境信息需求意识

对于环境信息披露而言，公民环保意识的提高可以成为一种无形的动力。实践证明，环境政策实施过程中遇到的障碍及实施环境政策所需的费用与公众环境意识的强度是呈反比的。因此，我们有必要培养和增强社会公众的环保意识，为此，我们可以积极地开展“环境教育”的活动，充分利用社会媒体和舆论的宣传作用，并使公众适当地发挥其监督职能，从而在外部给企业进行自觉的环境信息披露和依法执行环保法规施加压力，阻止其在环境方面出现自私性。

总之，通过对本章的详细分析可以看出，目前在企业的经营战略和管理中，环境管理受到了越来越多的重视。企业通过环境管理不仅可以避免其生产过程造成不必要的环境损害，进而也就摆脱了因此而带来的相应的环境处罚成本，而且由于良好的环境管理使资源与原材料的利用率得到了极大的提高，从而降低了在原材料方面的成本费用。不仅如此，通过环境管理，还可以在无形中提高企业的商誉，树立企业良好的社会形象，促进经济的发展。而企业要进行环境管理，就必须要借助于环境管理信息系统，同时还要对企业各个利益相关者进行博弈与均衡分析，以使他们之间的利益达到均衡。因为只有这样，才能使各利益相关者在目标上尽量达成一致，才能使企业进行适当的环境会计信息披露并做出正确的经济决策，进而使各方利益都能够达到最大化。而此时企业也才算实现了真正意义上的环境管理。因此，企业在进行信息管理的过程中，要高度重视环境管理信息系统的建设，要对企业各利益相关者对环境会计信息的利用进行很好的博弈和均衡分析，从而使企业走上经济、社会与环境可持续协调发展的道路。

第六章　环境资产与收益核算

环境资产是环境会计的一个基本组成，同时也是环境会计核算中不可或缺的重要成分之一。在环境会计中的一个显要的难点在于，作为环境会计的一个基本组成要素，环境收益在确认和计量上都和环境资产、环境成本以及环境负债有着很大的不同。就目前来说，现有一些国家的环境信息披露位于世界前列且在环境收益这一方面也颇有成就，不断推动着环境收益会计的理论与实务的深入发展。本章就环境资产和环境收益的核算问题进行深入分析研究。

第一节　环境资产核算

一、环境资产的概念与内容

（一）环境资产的概念

对环境资产概念进行进一步的明确界定意义重大，有利于对确认以及计量的深入研究。对目前会计界已有的关于环境资产概念的研究观点进行总结和归纳，有利于环境资产概念的进一步研究与正确确定。以下几种观点具有代表性：

（1）在《环境会计和报告的立场公告》中，联合国国际会计和报告标准政府间专家工作组（ISAR）将环境资产定义为“由于符合资产的确认标准而被资本化的环境成本”。具体来说，就是指因企业活动造成某些对环境的影响而应采取或被要求采取的应对环境影响的措施，以及在这些环境目标以及环境要求的执行中所发生的企业要付出的其他相关成本。

（2）对于环境资产的定义，环境会计学者徐泓认为环境资产是特定会计主体从已经发生的事项中取得或加以控制，能够通过货币计量并可能为我们带来某些未来效应的环境资源。在这里，资源主要是作为劳动对象的自然资源及其衍生的生态资源，比如土地、草原、森林、水域以及矿藏等等。

（3）对于环境资产，会计学者认为它具有狭义和广义之分。狭义上来说，环境资产是指对于企业的生产经营活动以及环境活动有利且能发挥有效作用的企业环境资源。在这里，有两个标准要符合：一是对于企业而言，环境资产的存在是必要的；二是环境资产的使用权以及所有权必须归企业所有。从广义上来说，环境资产不仅包括狭义上的环境资产，同时还包括了对企业不会造成特别影响的其他的环境优势，比如交通优势、水资源优势等等。

以上所提到的三种观点各从不同的方面和角度对环境资产的定义进行了阐述，各自带有不同的特征。第一种对于环境资产的定义主要是从会计学的资产确认标准以及成本资本化等方面来考虑，可以说是确认式资本化的一种，在会计核算这一方面确实有利，但是其包含的总体范围可能较窄，仅局限于环境成本资本化部分，却未考虑到由其他渠道而获得的环境资产。第二种对于环境资产的定义主要强调了特定会计主体取得和控制、已经发生事项的结果及其可能的未来效应，总的来说，与会计学对资产定义的主要标准较为符合，然而在这里明显看得出这一“未来效应”并不是“未来经济利益”，包含范围也较广，有自然资源及其派生的生态资源，其很难用货币计量，不符合本课题研究范围。第三种观点对于环境资产的定义从狭义和广义的两方面来考虑，也就是从企业方面以及国家方面做出界定，内容上较为全面，与国际上将环境会计划分为微观环境会计与宏观环境会计的分类思想相符，并且就狭义上将环境资产定义为企业环境资产这一点上来看，是比较具有合理性的。但是这一定义主要是从权利归属、存在的必要性以及可能发挥的作用等三个方面来界定环境资产的定义，具体来说不足以体现会计学资产的核算标准含义。对以上观点进行归纳，并结合会计学理论对资产含义的界定，对于环境资产的定义我们可以做出这样一个解释：环境资产是指由过去交易事项形成并由企业拥有或控制，预期能带来或保护企业未来经济利益流入的资源。

在这里，它除了要符合会计制度对资产定义所具备的标准外，同时还应重点强调以下两点：

（1）环境资产是出于企业环境保护目的而获得或控制的资源。它不同于一般经营性资产，它主要是用于预防、治理环境污染及其其他方面，具有专用型资产的特点。

（2）一些环境资产能够直接带来未来经济利益，而更多的是用来对企业未来经济利益流入而继续保持。这也确实与会计学对资产定义的相关内容不相冲突。从会计学理论上来讲，资产其实指的就是未来经济利益，也就是单独或者是结合其他资产时能够为未来现金净流入做出贡献的能力，这种能力可能是直接的或间接的，而环境资产就是能够间接为未来现金净流入做出贡献的能力。在我国现行的会计准则也中存在这种观点，比如在《企业会计准则——固定资产》中，企业的安全以及环保设备等虽然不是能够为企业带来直接经济利益的资产，但是这种资产却也能够帮助企业从相关资产获得利益或在一定程度上使企业的未来经济利益流出减少，应属于企业固定资产。

（二）环境资产的内容

根据环境资产的定义，并结合会计学的资产分类标准，大致可以将企业环境资产分为以下几类：

1. 环境固定资产

环境固定资产包括污染治理设备以及环境保护设备，它主要是指企业用来治理污染的特殊设备以及控制污染物发生的特殊设备，比如废气排放设备、环境质量检测设备以及噪声消除设备等等。

此外，在这一类中还包括环保在建工程与工程专业物资，但必须要注意的是以“专用材料”“在建工程”具体列报资产负债表。

2. 环境流动资产

环境流动资产主要包括用于环境保护的企业所购入的零部件、辅助材料、原材料、半成品、商品、应收债权以及在途购货款，比如锅炉上的除尘器以及污染治理车间所需要的消毒剂。

3. 环境无形资产

环境无形资产主要包括在治理环境污染时的专利技术和非专利技术。环境无形资产中的专利技术主要是企业从科研单位、其他企业中购入的环境保护专利技术，或者是企业自主研发并具有专利权的专利技术；环境无形资产中的非专利技术主要是指企业自主研发的未获得专利权且未公开的环境保护技术。根据一定的程序，可对这些环境保护专利技术和非专利技术的购买成本和开发成本进行资本化。

另外，在环境无形资产中还应包括环境许可证，比如排污许可证。排污许可证是指政府根据某地区的污染物容纳量进行若干划分，将其具体划分为若干排污单位后一排污权的形式进行公开性出售，它也叫作排污权。企业购买的排污权能够在市场上转让，它代表着企业就此拥有了排放所购买份额的污染物的权利。用于购买排污权的支出可以进行会计化的资本化处理。

4. 环境递延资产

环境递延资产是指企业预付、受益期超过一年或正常营业周期（两者孰长）的环境支出，如企业处理或预付委托专业机构处理废弃物的费用支出等。

主要是按照会计制度的核算标准划分其环境资产内容，构成对环境资产设立账户并进行分类核算的依据。目前而言，我国的会计核算实务中并没有具体的划分内容，因此为了有效解决环境资产口径和范围的一致性，就必须要制定统一的国家标准。但是，我国当前有些行业也针对环境保护设施做出了一些相关规定，对于会计环境资产目录的制定具有一定的借鉴意义。比如，20 世纪 80 年代冶金部制定了《钢铁企业环境保护设施划分范围暂行规定》，并在 1988 年修订时做出了以下四项原则性标准的规定：

（1）只要是用于保护环境和防治污染的工程设施及其设备装置，都是环保设施。

（2）出于工艺生产需要并同时又能够为环保提供服务的设施，其中主要为生产服务的属于生产设施，主要为环保服务的属于环保设施。

（3）用于环保的“三废”综合利用的设施属环保设施。

（4）可根据以上三项原则对钢铁企业中的建筑材料及其他化学工业等工厂、车间的环保设施进行划分处理。

除此之外，航天工业总公司也做出过明确的规定，规定只要是属于环境保护和污染治理的设备装置、工程设施以及检测手段，都属于环境保护设施。

在环保设施这一方面，原机械工业部的规定可谓更为详细周全：①各种废渣、废水、废油和废液处理及综合利用设备；②废弃除尘设备；③用于绿化、环境检测以及环保科研的专用设施；④厂房及设备烟尘净化设施；⑤噪声防治设备。

此外，原中国有色金属工业总公司也曾就环境设施这一方面做出过专门规定。可见也许不同的行业和企业虽然对于环保设施的规定各有不同，但是其传达的精神是一致的，都是靠资产目的进行划分，这有利于进一步促进会计意义上的环境资产内容及标准的制定，同时也说明在我国企业中环境资产存在之必须性和重要性。

二、环境资产的确认

环境资产主要是用于环境保护，环境资产除了主要通过上级拨入、接受捐赠、债务重组或其他企业的非货币性交易获得之外，其主要还是在于企业环境费用的资本化处理。按照会计学的划分收益性支出与资本性支出的基本核算原则规定，与当期收益对应的环境成本为当期费用并将其纳入到当期损益中进行计算；与未来效益相对的环境成本应进行资本化处理，作为长期资产在以后收益年度逐步摊销。因此，涉及一年以上及多个年度的环境费用，应在其有效期间进行资本化处理。

（一）根据未来经济收益关系确认

环境费用资本化处理形成资产应根据其与未来经济利益取得的直接或间接关系确认。

《联合国国际会计和报告标准：环境成本和负债的会计与财务报告》指出，在以下所述的企业所采取的用于获得经济利益的方式中，若环境成本与之相关，不论是直接的或间接的都应进行资本化：①防止和降低在今后的企业经营活动中可能导致的环境污染；②提高企业拥有其他资产的能力，或者是使效率以及生产效率提高；③保护环境。并且，报告还专门就这一“间接”做了专门的解释：虽然这些用于保护未来环境的成本也许并不会带来经济利益，但是这种成本对于企业从其他资产中获得或持续获取经济利益来说是有必要的。

这些规定反映了必须要面向企业未来经济利益的长期取得来进行环境成本资本化的确认，这种未来经济利益的取得方式分为三种：第一种是提高其他资产能力、提高效率或改进其安全状况，第二种是防止和减少今后可能导致的环境污染，第三种是保护环境。不论从哪一个方式来说，它们都与未来经济利益的取得直接或间接相关，主要表现为以下几个方面：

1. 环境成本发生且被进行资本化处理，能够使企业资产的实际使用年限延长，也可以提高和改善资产的生产能力和资产的安全性，此外还可以促进生产效率的提高，这些都可以节约安全事故的成本和有效增加产品的质量。

2. 它对因企业经营活动或其他活动可能导致的环境污染起到有效的预防作用，也可以降低或减少已经发生的环境污染，这有利于节约企业未来可能发生的环境惩处费用。

3. 它对今后的环境起到很好的保护作用，能够长期节约未来的环境赔偿或罚款费用。

另外，环境成本资本化的判断标准不应仅限于当期，而是应该根据所构成资产的作用长期性。ISAR 表示，所有有关清除前期活动导致的损害、与经营活动相关的清理成本、环境审计成本、持续环境管理成本以及相关环境赔偿和罚款费用，都应作为费用计入当期损益。由此可见，这些环境成本也许不产生未来收益或仅限于当期，因此应将其进行费用化处理。

（二）不能单独确认环境资产的情况

环境成本资本化处理形成的资产应能产生特定或单独的未来利益，否则，不应单独确认环境资产。

ISAR 表示，某一被确认为资产的环境资产，当它与另外某一项资产有联系时，它不应是一项单独的资产，而是应作为其他资产的组成部分。比如清除建筑物中的石棉，这项工作于建筑物有益，但是其本身并不会产生环境效益或经济效益，所以石棉清除成本不应被确认为是独立的资产。而与之相反的是，某件用于清除水污染和大气污染的机器，它能够带来特定或单独的经济利益，所以应当被确认为单独资产。在环境会计实务中也有很多这样的例子，比如机器设备安装降低噪声的装置等。

（三）环境资源确认需要注意的情况

企业购入的环保设备和安全设备及厂房等资产，可确认为环境固定资产，但其确认应以这些资产与相关资产的账面金额不超过这两类资产总的可收回金额为限。

这种确认，总的来说，就是为了不高估环境投资的账面价值，这其中也向我们充分说明了有些环境资产并不能为企业带来未来经济利益。国际会计准则委员会第 16 号准则中曾对此提供了一个例子：

有些化学品制造商为了不违背关于危险化学品的生产与储存的相关环保规定，必须为此安装一些新的化学处理装置；化学品制造的厂房应确认为资产，根据它的可回收金额为限，因为没有这些厂房，化学产品便不能生产。

我国《企业会计准则——固定资产》对这一项标准也是十分认可的。

（四）环境资产应执行减值核算规则

资产减值损失，是指明确了某一项资产的未来经济利益会减少和消失，必须确认为损失。根据国际会计准则的有关规定，财务报表中的资产数额不能比其可收回的金额高。所以，就必须要确认和计量资产的可收回金额以及资产的减值损失。对此，国际上制定过各项措施和规定，我国在《企业会计制度 2006》中也规定了八项资产的减值核算条款，主要是为了能够及时确认发生资产减值。

与普通资产相比，其实我们很容易发现环境资产所带来的未来经济效益更多的是模糊而不确定的，所以也极有可能发生减值损失。ISAR 对此曾提过建议说："当一项环境成本作为另一资产价值的一部分时，应对这一资产进行评估，看其有无减值。如已减值，则应将其减计至可回收价值。"并且，针对某些特定情况及独立环境，ISAR 也曾表示，在某些情况下，环境成本在被资本化后再计入到相关的资产中，资产的成本会比其可收回的成本高。因此，应评估这一项资产是否减值。而被确认一项独立资产的环境成本也同样应评估其是否减值。

与其他形式的减值的确认原则相同，环境资产减值通常是采取准备金核算方式。要强调的是，要将环境污染所带给相邻资产的"减值影响"纳入环境会计核算之中。环境问题所引起的资产减值主要包括以下三个方面：第一，使用的某些资产所造成的污染物较多，因而罚款以及污染治理的费用也较多，而出现了某种新的且性质相同的资产所产生的污染物更少，甚至是没有产生污染物，就导致了原有资产价值减值；第二，某些资产遭受环境破坏，企业为了以后恢复其使用价值，就必须要进行污染清除以及环境质量恢复，这就导致了资产价值降低；第三，某些资产与环境污染问题有关联，所以导致资产的价值降低。这些都须计提减值准备。在此方面，《国际会计准则第 36 号——资产减值》第 77 段专门列举了一个示例说明：

某公司在某国家内进行开矿作业，该国法律明确要求开矿业主在开采完成后必须要恢复其地区原貌。其中表土覆盖层的复原应包含在恢复费用中，因为在开矿之前必须要移走其表土覆盖层，一旦移走，那之后就必须要准备一笔用于表土覆盖层复原的费用。这一准备计入到矿山成本之中，并在矿山使用寿命内提取折旧。为恢复费用所提取的准备金额为 500 万元，等于恢复费用现值。

企业进行对矿山的减值测试。矿山的现金产出是整座矿山，有欲购买该矿山的买方，出价为 800 万元，其中已包括表土覆盖层复原成本。可以忽略矿山的处置费用。矿山的使用价值为 1 200 万元，其中不包括恢复费用。矿山账面金额 1 000 万元。

现金产出单元销售净价为 800 万元，其中包括了恢复费用。现金产出单元的使用价值在考虑恢复费用后估计为 700（1 200 − 500）万元。现金产出单元的账面价值金额为 500 万元，即矿山的账面价值（1 000 万元）减去复原准备（500 万元）。

这个例子说明，由于环境问题所导致的恢复费用 500 万元构成原来矿山价值的减值准备。环境减值准备在资产负债表中作为资产减项排列，因此，它也叫作“负环境资产”。

此外，这个例子还说明了，那些包含在其他资产中的环境产期费用特别是矿山之类的固定资产，应当采用现金产出单位方式作为其可收回金额的一个评价标准。

三、环境资产的计量

资产计量，实际上就是指以货币计量单位来对资产的数量及变化进行充分的反映。以下表示主要从投入价值基础、产出价值基础确定的五种资产计量方式：

1. 现行市价法

现行市价法是按照现行市场价格重新购置某资产时的支出价格作为资产价值。

2. 历史成本法

历史成本法又叫做原始成本法，是以使资产达到可使用状态之前所发生的全部实际支出作为资产的价值。

3. 可实现净值法

可实现净值法是以资产的售价减去销售费用作为资产的价值。

4. 现行成本法

现行成本法是以获得某一资产所发生的现时成本作为资产的价值。

5. 现值与公允价值法

公允价值是一种复合的会计计量属性，是指在公平交易中熟悉情况的当事人资自愿据以进行资产交换的金额，主要表现形式由：现行成本、现行市价、短期应收应付项目的可变现净值、历史成本 / 历史收入、以公允价值为计量目的的未来现金流量的现值。公允价值中，市价是其中最基本的计量属性。

我国学者谢特芬表示，如果根据当前的历史成本会计模式来计量环境资产，价值计量结果就会偏低。只有采用面向未来、市场、不确定性以及风险性的公允价值计量，才能对环境资产及相关产品和劳务的价值和变化进行最及时而全面的变化，从而更利于各方利益。

环境资产区别于一般资产，在计量对象和特点上都不同于传统会计。对于方法的使用，应根据不同的资产项目来决定。

（一）人工资产计量

即企业拥有或控制的专门用于环境保护的物资、设备、技术、债权等人工环境资产的计量。这一类环境资产中的资产项目可在市场上进行交易，所以可以将资产取得时的历史成本作为计量的依据。但也应根据具体的类别来确定计量方法的运用。

1. 环境流动资产

可以按照传统会计存货的计价方式来对环保产品及物资进行计价。传统会计中通常采用实际成本计价方式应对存货计价。针对购入的环保物资等，按照购买价格加装卸费、包装费、运输费、运输途中的合理耗损、保险费、入库前的挑选整理费及税费等作为其计价成本；对于自制环保产品，根据产品制造中所产生的各项实际支出作为其计价成本。

对于应收环保款，按照实际发生额计价。

2. 环境固定资产

对于污染治理和环境保护设备中的专用设备和出于环保而购建的厂场和不动产，可以按照传统会计固定资产的计价方法进行计价。传统会计通常是采用历史成本法进行对固定资产的计价，比如购入的固定资产，按照购价加上包装费、运输费、安装费、装卸费以及保险费等作为资产的价值；针对自建的固定资产，按照建造中发生的实际支出作为资产的价值，包括外币借款的汇兑损益和长期借款利息。

对于污染治理以及环境保护设备中同时具有环境治理功能、环境保护功能及其其他一些功能的设备的计价，可以采取差额计量的方法斤进行，也就是说支出总额减去无环保功能部分的支出，其差额作为计价。比如，企业支出 300 万元购进了一批环保型汽车。由于企业购进的这一批汽车同时具有环保功能以及行驶功能，所以就不能将这 300 万元的支出看作是环境成本投资，所以要划分这两种功能的负担成本，只对其中的环境功能部分进行环境成本的确认。如果某一汽车具有行驶功能却未具备环保功能，那么其环境资产的计量应采用采用差额 50 万元（300 － 250）进行计量，并据此在折旧年限内分期作为环境资产成本的折旧费用。

3. 环境无形资产

（1）关于环境无形资产，其中购买的环境污染治理技术的价值可直接根据其购买成本为准，而企业自主研发的环境污染治理技术的价值可根据研发中所发生的实际成本计算。这之中有关专利技术的，还应加上与专利权申请相关的成本。

（2）资源开采和使用权、环境许可证按照取得时的全部支出成本作为其价值，在受益期间内分期摊销。

（二）自然环境资源计量

即企业拥有或控制的能够带来未来经济利益的自然环境资源的计量。

资源资产从法律上而言是属于国家所有的，企业并无所有权，但企业却可以在市场交易或政府批准许可的情况下拥有对资源资产的开采权和勘探权。企业勘探、开采并获得资源资产，并从中享受到未来经济利益。为了提供给会计信息使用者资源资产成本——效益评价等信息，就必须要计量资源资产。因为资源资产的形成具有多位性，不只是从勘探和开采而来，所以应根据不同的取得方式来对资源资产进行计价、确认价值：

1. 以累计的历史成本作为由人工投入形成的资源资产的计价依据。针对历史成本资料无法获取的，按照近年的实际成本估价。

2. 对于因产权变动而购入的资源资产，按照评估价或购入价格进行计价。

3. 对于依法认定的资源资产，按照评估的价值作为计价入账的依据。

4. 资源资产在已入账后又发生后期投入时，按照实际成本计价。

四、排污许可证资产核算问题

（一）排污许可证交易制度

当前各国政府为了解决污染外部性所造成的市场失灵，纷纷采取了各种法律手段以及行政指令来进行控制和处理，除此之外，为了追求效率，还会较多选择以经济手段来对企业以及其他污染源的排放进行控制。在经济手段中，许多国家都实行排污费的收取，此外，有些国家还公开出售排污权，期望以低的治理代价来促成污染低排放，促进环境质量的不断改善。20 世纪 80 年代，上海黄浦江水源区实行了初步的排污权交易，而上海、深圳也在加大对交易排放许可证制度的研究和实践，所以就必须要就排污许可证交易的资产核算的进行深入研究。

关于排污权交易，其基本内容主要是：政府有关机构制定并实施排污许可证制度，向厂商发放排污许可证，厂商据此进行污染物严格排放；根据自己的实际情况，厂商在市场上进行排污权交易。其主要特点在于，在实现对污染总量控制的情况下，利用市场调节机制来促进社会环境成本结构以及效益的优化与提高。其具体的实务操作过程是：

1. 政府相关机构预先制定排污标准，将排污许可证发放给相关机构和企业，许可证可以是收费的，也可以是免费分配的。

2. 排污执行有明确的时间期限，这一期限一般为一年，当到了期限末时要核查实际排污量。

3. 参与者可在市场上自由买卖排污许可证，其具有四项权利：可使用排污许可证中的部分污染排放额度，剩余部分可以延递以后使用或者是出售；可使用最初分配到的排污许可证的全部额度；对超出排污许可证的排放额度支付罚金，或者是购买超额排放部分的附加许可证；可出售现有全部或部分的排污许可证。

4. 参与者要在规定时间内交还与实际排污相一致的许可证。若超过了许可证所限定的排污额度，则会受到相应惩罚，包括支付现金、限制权力的使用、减少许可证使用额度等等。

5. 未用的使用权可延递至以后并与未来的排污相抵消。

6. 允许一些中介机构以及经纪人的存在，它们并无许可证，但是允许他们在制度范围内买卖参与者的许可证，形成一定的流通市场。

（二）排污许可证资产的核算

1. 排污许可证资产的性质

从上述操作程序来看，排污权许可证为企业的一种排污权力，它能够使企业未来的经济利益尽可能少受影响，并且企业可以将许可证进行出售以获取收入，也可以通过它履行义务，故它满足会计框架对资产的定义。

排污许可证是一种无形资产。对于无形资产的定义，我国《企业会计制度》中明确表示：无形资产是指企业为提供劳务、生产商品、出租、或为管理目的而持有的非货币性、无实物形态的长期资产。无形资产大致可以分为两类，即可辨认无形资产和不可辨认无形资产。可辨认无形资产包括著作权、商标权、土地使用权、专利技术、非专利技术等；不可辨认无形资产具体指的是企业的商誉。分析该定义，其基本特征有：

（1）非实物形态。

（2）非货币性资产。

（3）企业所需要的。

根据排污许可证的性质，我们可以看出它需要同时满足以上基本特征，属于可辨认无形资产，所以，可采用以下概念从会计核算角度来对排污许可证的定义进行界定：

排污许可证是指企业为获得污染排放权力而持有的非货币性、非实物性的长期资产，属于可辨认无形资产。

2. 排污许可证资产的确认与计量

关于无形资产，我国《企业会计准则——无形资产》中表示，只有这两种条件同时满足，企业才能对无形资产进行确认：一是这一资本的成本能够可靠地计量；二是这一资产产生的经济利益很可能流入企业。并且在这一准则中还明确了购入的无形资产以实际支付的价款作为入账价值。

购入的排污许可证可以按照市场支付的成本计量，而对政府补助行为，可根据《国际会计准则第 20 号——政府补助会计和政府援助的披露》执行并以公允价值计算，这与第一个条件相符。排污许可证赋予和保障了企业特定的排污权利，使企业的未来经济效益尽可能不被减少，避免了一些可能赔偿和惩罚费用的发生，这与第二个条件相符。

在对排污许可证事项或交易过程的分析和研究中，IFRIC 提出以下建议：

（1）对于政府发放的排污许可证，公司应予以披露。排污许可证作为一项资产以初始的公允价值入账，根据 IAS38 有关要求在财务报表中予以披露。

（2）政府在向参与者分配排污许可证时，若收费比排污许可证的的公允价值要低，那么公司将其中差异作为政府补贴，有关政府补贴按照参照 IAS20 执行会计处理。

（3）参与者在排放污染物时，应计提未来支付的处罚以及交还许可证的义务准备，根据 IAS37 有关准备金、或有资产和或有负债规定进行会计处理。这项准备通常按履行这项义务所需许可证的市场价值计量。

根据以上几项建议，对排污许可证事项以及交易过程进行分析，得出一下几项具体的操作规则：

（1）作为资产，排污许可证以初始公允价值入账。应确认排污许可证是购得还是分得，使资产负债表能对所有可控资源进行最真实的反映。

（2）IFRIC 表示排污许可证的价值应同等于成本，也就是不允许摊销。那么那么在许可证以公允价值列示时，成本就应与公允价值的涨落保持一致，也就是当许可证市值比成本要低时，资产予以减值，首先将原确认的权益冲销，超过确认权益的部分在利润表中列示出来，即为损失，当按照公允价值上涨时，确认权益。

（3）排污实际发生之时，计提负债。因为在排污权计划中，是参与者交还排污许可证的义务或接受出发的事件的起点并不是受到排污许可证的时点，而是排放污染的开始日。而公司将来的行为完全决定了它的排污许可证的提交以及接受惩罚。这是由于排污许可证和许可证对应的义务两者是独立存在的，也就是说作为资产，排污许可证与其现实义务（负债）之间并不存在着一种契约联系，而只在排放污染后交还许可证结清义务时两者相互轧平，也可以说是在报表中资产与其对应负债余额不是合并列示，而是分别单独列示。

由此，在对负债进行计量时，要估计出资产负债表日需履行现时义务时的支出。因为过去的污染排放会在将来支付罚金或提交排污许可证，因此，负债的确认价值应是实际排污量对应所需许可证数量在资产负债表日的现时市场价值。在一些情况下，过去的污染排放不是提交排污许可证而是支付罚金，这时罚金是一个计量义务的依据，并不是单独确认的负债。

（4）从政府分得的许可证低于其市场价值的部分为政府补贴。这一政府补贴是以企业在过去与将来的经营活动在一定限定之内为条件的条件的资源转移，表示为政府资助，在最初获得时会计上应将其确认为递延收入，在有效期内进行系统的摊销并确认为收入。

由以上可以分析得出如下会计分录：

（1）参与者获得由政府发放的许可证时，根据当时许可证的市场价格：

借：排污许可证（无形资产）

贷：递延收入——政府补贴（免费发放时）

（2）许可证市价上涨时，按市场价值变动部分：

借：排污许可证

贷：所有者权益

（3）实际发生排污时，按对应排污许可证数量的市场价值：

借：费用

贷：未来应交许可证的负债

（4）许可证价值下跌时：

借：所有者权益（冲减原确认的权益部分）

损失（超过原确认的权益部分）

贷：排污许可证（市场价值变动部分）

（5）实际排污超过排污许可证限定，超过部分到市场购买附加的许可证，按购买时许可证的市场价值：

借：排污许可证

贷：现金

(6)在许可证期间摊销政府补贴的递延收入,按一定配比确认为收入:

借:递延收入——政府补贴

贷:许可证补贴收入

(7)交还排污许可证,按结算的市场价格:

借:未来应交许可证的负债

贷:排污许可证

(三)排污许可证会计处理的理论总结

排污许可证的会计处理难度较大,这是因为它会涉及各种会计准则内容,因此要仔细探讨并总结其理论上的重要特点。

1. 排污许可证是特殊的无形资产,主要表现在:排污许可证本身具有一些金融资产的特点,它具有现存交换市场,且以公允价值计量,资产价格与其涨落一致,这与金融资产较为相同。然而,排污许可证终究不是金融资产,这是由于许可证并非一个权益工具,也并非是一个有关现金或其他金融资产的契约,而是可交换也可流通的商品,不符合有关金融资产的定义。排污许可证的这些特性决定了采用公允价值计量模式进行权利与义务分别核算、结果相互轧抵的会计核算特点。

2. 排污许可证采用公允价值计量,价格涨落直接增减账面价值。

3. 排污许可证可以通过市场购买和政府分配获得,其价格有一定差异,但也是按照统一的市场价格确认计价。资源取得的成本不同,统一按市场价格计算,而不按各自成本计价,这与普通资产的初始计量有所不同。也正是由于这种不同和差异导致了递延收入在排污许可证有效期内分摊转为正式收入的业务产生。

4.采用了排污许可证资产与实际排污计提负债分别核算的过程方式。其中,期末结清轧平也是一个主要特点。这能够单独反映企业对于环境保护的权利与意义,同时将权利与义务两者分开,既使资产核算详细地反映初始计量、购买、交换、销售等的价值、数量变化情况,形成相同于普通资产的核算模式,又同于企业实际排污时按环境受托责任原理确定企业的义务,以负债方式确认与计量,形成与一般义务性质相同的普通负债核算模式。这种生成于许可证有效期的与交还许可证或支付偿还的环境负债,实现了企业在环境保护方面的权利与义务的统一,这一点是极具特点的。

总的来说，虽然目前我国并没有建立和推行排污许可证计划，在理论研究以及会计处理上还有很多不足和漏洞，但是先对这方面的会计理论问题做一些前沿性探讨，将十分有利于将来我国排污权交易制度实施推行以及相关的会计核算办法的制定。

第二节　环境收益核算

一、环境收益的定义及内容的文献回顾

不管是理论研究方面，还是实务过程汇总，关于环境收益的问题目前并没有得到统一的定义与范围。为有效把握环境收益的本质，共收集总计得出以下相关论点：

（一）国外的研究现状

国际会计师联合会在《环境管理会计的国际指南》中提到了有关于环境的节约与收入。与环境相关的节约，其实现的重要条件就是当前确定的系统以某种方式发生改变，比如提高生产效率进而使废弃物减少，原材料的使用也减少，在前后期的成本比较中就能将货币化的节约额计算出来。一般来说，与环境相关的节约的管理活动有绿色研发、绿色采购、现场循环使用、清洁生产、扩展生产者责任以及供应的环境管理等等。与环境收入相关的收入指：补贴收入、残料和废弃物的销售收入、因生产销售环境友好产品取得的更高边际利润收入、因环境诉讼的保险返还收入、销售剩余废弃物处理能力的收入。

联合国持续发展部在《环境管理会计的程序与原则》中提到了环境收入与潜在节约。其中环境节约为再循环材料中取得的补贴与实际收入。而环境潜在节约包括：负债、保险和补偿成本的降低；水与能源的使用节约；废弃物 / 废气的处理处置成本的降低；清洁技术与生产设计降低的原材料成本和劳动力；包装、辅料、原材料的节约；新的副产品收入；因产品质量提高使残料、返工以及质量控制成本减少；通过对计划政策改变的预期节约未来的投资；改进与当地政府部门的关系等。

日本环境省在《环境会计指南》中提出了环境经济效益，也就是环保效益和与环保有关的经济效益。环保效益是指来自减少、除去、预防环境效益和恢复环境事故的影响以及其他一些活动等的收益，环境效益计量采用物理单位，也可以转化成货币值与环境成本相匹配来计算，披露在环境报告书中。而与环保相关的环境效益，是指组织或公司在进行环保活动时所形成的能通过货币进行计量的有益结果。根据这一结果的确定性将其划分成为估计效果与实际效果两类，并对上述两项再按费用和收入的节约来进行划分。其中，实际收入建立在确切的环境保护数据上，实际费用的节约包括：排放的废弃物减少而减少的费用；环境修复的费用减少；资源投入减少的费用；其他费用的节约。指南中指出，预计收入主要作为内部信息使用。估计收入是在假设意义上的环境收益，比如环保研发所带来的收益；预计费用的节约同样是具有假设意义的费用节约。在这一指南中，日本环境省强调外部功能并覆盖了内部参考功能，其理论与方法同时适用于环境财务会计和环境管理会计。

全球报告倡议组织（Global Reporting Initiative，GRI）的G3报告框架的环境收益披露主要采用的是由非货币化指标构成的环境业绩指标，主要从水、能源、排放物、原材料、污水及废弃物、交通运输、产品及服务、遵守法规、生物多样性和整体情况等指标角度充分披露企业环境业绩，主要使用耗用数量，一小部分包括资源的节约以及及成效等。在联合国贸易和发展会议上，在《准备和使用者生态效率指标指南》中构建了由相应的财务指标和环境物量指标相结合的生态效率指标，将其作为现有报告的支持和补充，实际上是对部分环境收益信息的间接披露。

在上述讨论中，日本环境省明确了与环保有关的经济效益的定义，其他关于环境效益主要以穷举法界定其范围。三者都提到了直接或间接影响到本期企业利润的环境收入和费用的节约。但是仅有日本环境省对因环境负荷减少产生的社会效益做出了明确规范。

（二）国内的研究现状

在环境收益这一方面，我国的有关学者也做了许多尝试和研究，主要以具体收益类型的研究为主。

学者孟凡利指出环境收益是企业在参与环境污染治理时可能直接或间接产生的某种经济利益。这些收益主要分为这几种：从环保机关或国有银行取得的无息贷款或低息贷款中节约利息而得来的隐含收益；利用“三废”产品，享受到相关税种的减税或免税的优惠政策，并从获得税后净收益；采取了某种控制和治理污染的措施，从政府取得有关价格补贴以及不需要偿还的补助；有时，企业因主动的治污措施所发生的支出可能会比过去交纳罚款、排污费以及赔付而赚取的机会收益要低，等等。

针对我国企业环境报告，我国学者李建发、肖华设计了一项调查问卷，其中涉及了环境收入有关内容，主要包括：企业利用“三废”生产产品收入；企业生产产品从中获得的减免税收入；对环保成就显著的企业国家的有关奖励发放；排污许可证的交易输入；其他企业赔偿的污染损失；环境治理贷款利率低于正常利率的部分；针对企业环境治理的国家专项拨款；接受环境保护方面的捐款收入；清洁生产减少的排污费交纳；其他。

学者肖序认为，环境收益包括环境导致的额外收入如可回收物的销售收入，和成本降低如减少材料的使用而节约的成本。总之，环境导致的收益主要包括两种，即直接环境收益以及间接环境收益。其中，间接收益通常可以表现为成本的规避与节约、企业良好的环保形象吸引顾客提高员工工作积极性以及由环保知识的传播等而流入的收益等多种形式。

我国主要从传统的会计角度出发来研究环境收益问题，研究主要集中在由于环境保护活动所带来的财务收益上，也就是收入增加以及费用减少上，且其计量简单易行，具有现实性意义。

从以上叙述内容我们可以得出，当前并没有形成一个有关环境收益的统一定义，并且包含的范围以及项目也有差异性。日本对环境收益的范围做出了比较明确的界定，主要根据企业的投入与产出来确认环境效益以及与环境保护相关的经济效益，并将环境效益扩展到物流过程中以及用户在产品或服务使用中的社会效益。

我们应主动借鉴以上观点，并结合会计理论对环境收益的定义进行综合而明确的界定。从会计的角度并根据成本发生的目的及其结果，得出：环境收益是指企业由于从事环境保护活动而产生的财务性收入以及费用的减少。

二、环境收益内容的理论分析

通过生命周期评估分析企业因环境保护活动而在其企业内部各个环节实现收入的增加和费用的节约，有利于进一步加深对环境收益的理解，如

图 6–1 所示。

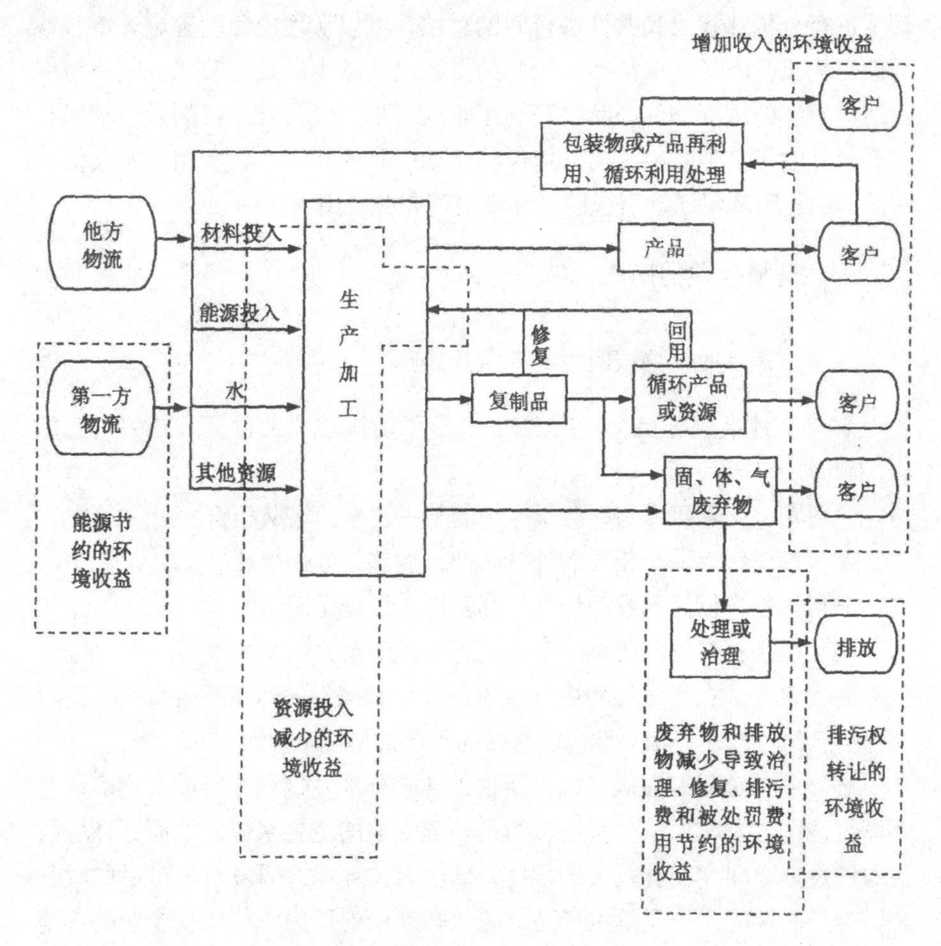

图 6–1 企业运营流程中的环境收益实现方式的理论分析

注：（1）本图中未列出绿色采购环节，因其主要通过最终的废弃物治理和排放、产品销售收入和包装物及产品的循环利用等实现最终的环境收益。

（2）本图仅列示采购物流，并以此代表销售物流等，因其能源节约的环境收益计算方法一致。

（3）限于篇幅，未列出管理费用的节约及因环境治理良好和资源的再利用、循环使用所带来的财政补贴收入和其他政策性收入，以及低息贷款利息费用的节约和税收的减免。

从图 6–1 可以看出，实现各类环境保护活动的环境收益，主要是通过对企业经营的不同环节的投入和产出来实现的。对这些不同的投入与产出环节进行分析并找出其共性进行归纳总结，可以从理论角度确定环境收益的内容构成：因环境保护活动引起的资源投入减少的费用节约；因环境保护活动引起的废弃物、产品循环利用收入增加，以及排污权的销售收入和如财政补贴等其他收入；因环境保护活动引起的环境恢复费用以及其他一些的节约；因环保活动引起的与环境治理有关费用的节约。

三、环境收益的确认

（一）环境收益确认时需要考虑的问题

财务会计准则委员会（FASB）给出了确认一个项目及其相关信息的4个标准：

1. 可定义：项目要与财务报表中的某一要素的定义相符。
2. 可计量：有一个相关的计量属性，能够充分进行计量。
3. 可靠性：信息具有确切性、真实性，且是无偏向的。
4. 相关性：在用户决策中有关信息要起到至关重要的作用。

总而言之，在计量过程中计量单位与计量属性的运用是否得当，会对会计信息的可靠性与相关性造成直接而显著的影响。

环境收益也只有在满足以上所说的4个标准，这样才能被正式确认为环境收益。收入增加以及费用节约是环境收益的主要来源。然而，环境收益的计量方面却存在着较大的难度，比如有关环保的研发对于产品的贡献和影响是间接的；企业单位产品资源耗费减少的原因不仅包括企业的环境保护活动的有利贡献，还包括企业相关的技术进步以及管理水平的提高，两者都有可能使资源耗费减少。所以，部分的环境收益计量并不具有足够的可靠性，现有的会计技术手段应当权衡其可靠性和相关性，当某种情况无法确定时，可能导致计量缺失，从而无法确认部分环境收益项目。所以，环境收益的收益计量问题应是环境收益的核心问题。

相关性，具体是指某项活动只有确实是因环保活动而引起了收入增加或费用减少的情况下，才能被确认为环境收益；当其项目的收入增加以及费用减少确实与环保活动无关或关联性不大，则不予以考虑。

因此，基于以上考虑尤其是针对可靠性、计量性以及相关性考虑，我们认为，从会计和现实的角度分析，环境收益不包括环保活动对产品销售收入或利润的贡献的影响部分以及原材料等非能源性的资源减少部分。

（二）环境收益的具体确认

从以上分析中可以得出，企业在会计上确认的环境收益应主要包括以下内容。如表 6–1 所示。

表 6–1 环境收益的具体内容

	收入的增加	费用的减少
投入方面		能源、水的费用节约
产出方面	循环利用产品、废弃物的销售收入	
	排污权销售收入	
	基于环保因素的财政补贴收入	
		环境治理的费用节约
		环境恢复的费用节约
		基于环保因素的借款利息费用的节约、税收的减免

1. 收入增加的环境收益确认

排污权销售收入、废弃物和循环利用产品的销售收入、环保有关的财政收入补贴等，在这些收入实际发生时应确认为一项环境收益。

2. 费用减少的环境收益确认

与环保相关的借款利息费用的节约，由于借款时其每期预提或支付的利息费用的节约额在借款时即可以被可靠地计量出来，所以在每期预提或支付计算利息费用的同时确认为环境收益。

出于对企业的连续生产经营性质的考虑，环境治理的费用节约、水和能源的费用节约以及环境恢复的费用节约一般只有在每个会计期末才会有有效的数据，才能进行某基准的有效比较，所以，要在会计期末进行确认。

四、环境收益的计量

（一）收入增加的环境收益计量

收入增加类的环境收益的计量方法和传统会计收益计量相同，相对来说较为简单，主要是按收入发生时的金额全额计量收益；对产品收入的增加，相应增加环境收益。

（二）费用减少的环境收益计量

对费用的节约目前并没有一致的计量方法，一般都是采用定比计算（本期与某一基期对应费用或某一标准费用的差额）和环比计算（本期与上期费用的差额）。如下展开对定比计算的讨论，环比计算可由此参考。

关于定比的计算，首先需要一个基期，也就是选择以前某一会计期间，而这一期间往往是没有采取环保措施的某一期间，以此作为基期进行有关对照。其基本公式如下：

费用节约的环境收益 = 基期费用－本期费用

有关费用减少的环境收益计量，定比的计算的基期数据可以采用某一标准如国家标准和行业标准对应的费用等进行计算，公式如下：

某种资源费用减少的环境收益 = 单位该资源标准物理量耗费 × 本期该资源加权平均成本 × 产量－本期该资源消耗费用

因基期的产量与本期的不同，所以应按照产量对基期与本期的费用进行调整，使其在同一产量平台并可比较，具体如下：

（1）对于环境治理的费用节约、环境恢复的费用节约的环境收益计量公式如下：

$$\text{费用节约的环境收益} = \text{基期费用} \times \frac{\text{本期产量}}{\text{基期产量}} - \text{本期费用}$$

（2）因环保因素产生的借款利息的节约可参照正常利率下的利息计算环境收益。

（3）若选用某一基期费用作为定比计算某种资源费用的节约，且其资源耗费与产量有关，在本期与基期产量有变化时，应对产量变化的影响进行调整。

$$\text{某资源费用节约的环境收益} = \text{基期费用} \times \frac{\text{本期产量}}{\text{基期产量}} - \text{本期费用}$$

若该资源耗费与多个产品产量有关，则需首先在基期中，按基期时的标准单位，以该资源费用为基础，在各个产品中分配该资源费用，然后再调整已分配该资源费用按本期各产品产量，公式如下：

$$E_{i0}=E_0\times\frac{S_i\times O_{i0}}{\sum_{i=1}^{n_0}S_i\times O_{i0}}\qquad R=\sum_{i=1}^{n_1}E_{i0}\times\frac{O_{i1}}{O_{i0}}-E_1$$

其中：

n_0为基期消耗某资源的产品种类数；

n_1为本期消耗某资源的产品种类数；

E_0为基期某资源消耗费用；

E_1为本期某资源消耗费用；

E_{i0}为基期消耗某资源的第 i 种产品分配的某资源消耗费用；

S_i为第 i 种产品在基期消耗某资源的标准单位物理消耗量，如基期的标准单位物理消耗量数据无法采集，可用本期的标准单位物理消耗量代替；

O_{i0}为基期第 i 种产品的产量；

O_{i1}为本期第 i 种产品的产量；

R为某资源费用节约的环境收益。

需要注意的是，由于总体上而言资源价格的变化趋势是上升的，并且企业在考虑价格时也通常是趋向于低价格的资源方向，所以在费用节约的环境收益中必须要考虑价格因素。因此，以上公式并没有调整价格的变动。

若是在本期中有了基期所没有的新产品，那么这一新产品的消耗不在计算范围之内；若在本期中并没有生产在基期中生产的某一产品，那么也应将其排除在外。以上所说的两种情况以及企业对环境收益的计算方法需要在环境收益披露中特别注明。

五、环境收益的记录

（一）收入增加的环境收益记录

在传统的会计收益中并不包括费用减少的收益，只包括能使企业负债减少以及现金流入的收益，且在负债减少、现金流入交易发生、风险实质性转移时就被确认为收益并进行财务处理。同样，对于循环利用废弃物和产品的销售收入、排污权销售收入、环保相关的财政补贴收入等也应遵循相同的标准并进行账务处理。

（二）费用减少的环境收益记录

费用减少的收益主要是通过间接的方式实现，目前会计账务处理在费用减少的环境收益上的处理难度较大，这是由于传统的会计收益中并不包含这项内容。为了与现有会计账务处理系统相兼容，对费用减少产生的环境收益采用不进入账务处理系统处理，而在备查账簿中登记的方式，并直接在报表附注中披露。

第七章 企业环境会计信息披露研究

作为当前会计理论界关注的热点之一，企业环境会计信息披露问题迄今仍处于探索之中。会计是经济管理的重要工具，在可持续发展下，会计信息披露符合可持续发展原则的要求。我国企业在经营、管理等方面存在着许多弊端与不足，在环境披露上远落后于发达国家。目前，我国企业开始注重企业环境形象的塑造，环境信息披露初见端倪。本章主要从六个方面对我国企业环境会计信息披露的研究进行了介绍，主要包括环境会计信息披露的基本内容、企业环境信息披露的必要性和分类、独立环境会计报告的基本内容和披露方式、我国上市公司环境会计信息披露现状及影响因素、西方国家环境会计信息披露的特点及对我国的启示，以及完善我国环境会计信息披露的对策建议等。

第一节 环境会计信息披露的基本内容

早在 2008 年，我国在试运行的《环境信息公开办法》中，对于我国企业环境会计信息披露的基本内容进行了规定，在其第十九条规定中就明确表明企业环境会计信息披露应包括下列一些内容：企业资源消耗总量；企业环境保护政策；企业经营年度环境保护绩效；企业环境保护及污染治理情况，包括污染治理投资情况以及环境技术开发情况等；环保设施的建设和运行状况；企业污染物排放方面的信息，包括企业排放的各种废气、废水等的种类、浓度、数量以及处置方式；生产过程中废弃物的处理情况，废弃产品的回收、利用情况；和环保部门签订的改善环境行为协议；其他一些企业自愿公开的环境信息；企业履行社会责任的情况等。另外，其他一些相关的环境法规对企业环境会计信息披露的内容也做出了如下一些规定，规定指出，污染物排放总量超过国家或者地方排放标准的企业，已经发生重大、严重环境污染事故的企业，所进行的环境信息披露中还必须包含这样一些内容：公司的一些基本的信息和情况，如企业名称、地址等；主要污染排放物的名称、种类以及排放方式；污染物的浓度和总量；企业应对环境污染事故的预案。

第二节　企业环境信息披露的必要性和分类

一、企业环境信息披露的必要性

（一）企业环境信息披露的动因

20世纪80年代，有毒物质排放清单（TRI）系统实施了关于排放数据的强制性报告，即环境报告，在此基础之上，企业环境信息披露产生了。经过多年的努力，其变得日益完善。

在理论上，会计学界对于企业提供环境信息的原因的解释，一直存在着很大的争议。其中，外部压力论和企业自愿披露论最具代表性。随着环境污染的不断加剧，社会公众环境意识的加强，企业所面临的环境披露的压力也逐渐增大。企业现在或将要面临的环境披露的压力的主要来源有法规、企业报表使用者等。

由于企业面临着各种各样的压力，特别是在政府实施了严厉的环保法规以后，利益相关者对企业环境业绩信息提出了越来越高的要求。为了改善企业在社会上的形象，并取得在行业竞争中的优势，企业对发布环境报告的需要日益迫切。比如，有部分专家就认为：创立环境报告制度，主要目的就是为了提高公司环境业绩的透明度。还有一部分专家认为，公司建立环境管理系统（包括环境信息披露），主要是为了从政治关系上来提升自身形象，以获得政治上和竞争上的优势。Cooper 等也认为：环境报告可以起到润滑公司公共关系，消除有关方面(立法机关、消费者及其他)对公司威胁的作用。Andrea B. Coulson 等则指出：银行在贷款决策过程中，为对其借款人的环境业绩的合理性进行确定，要进行环境信用风险评价。希望得到银行资金支持的公司，就需要提供其有关环境政策和管理实践的信息，这就从外部对公司构成了一种强有力的约束。

（二）企业环境信息披露的意义

企业进行环境信息披露，其目的就是为利害关系人提供信息，以便他们根据风险、现在和未来的现金流量，以及企业经营活动与环保法规的一致程度，对企业的经济效益和环境效益进行评价。企业投资者、债权人、社会公众、政府有关部门及企业管理当局在进行决策时，会受到环境信息披露的影响，它可能会成为一个重要的市场工具，在企业树立环境形象、建立竞争优势上发挥巨大的作用。

1. 投资者和债权人

企业环境信息的披露，对于它的环境信誉来说可能有积极作用也可能完全相反。对于那些社会和环境意识较强的投资者来说，他们通过环境信息可以确定企业环境表现的好坏，以及是否符合自己的环境意愿和环境思想。而企业的债权人如银行，考虑到安全性和环境道义，越来越关注企业的环境绩效，在分析企业环境绩效的基础之上来评估贷款风险。比如，银行在做出贷款决策前，会要求企业提供环境报告或相关材料，达到规避环境风险的目的。事实上，我国金融界和金融管理当局已将这个问题纳入了考虑范围，中国人民银行已经就金融部门在信贷工作中落实国家环保政策的问题发出了《关于贯彻信贷与加强环境保护工作有关问题的通知》，规定对于对环境有影响的项目，各级金融部门在贷款时，必须从信贷发放和管理上配合环保部门把好关，任何项目如果没有执行建设项目环境影响审批制度或没有通过环保部门审批，金融部门一律不予贷款。世界银行最近几年也在改变传统的贷款方针，世界银行的许多政策都体现出对环境保护问题的深入考虑，并专门设立了负责保护环境和可持续发展贷款项目的副行长职位。

2. 社会公众

出于对自身利益的考虑，地处企业周边社区的社会公众，必然会对企业的环境绩效十分关心。如果他们所在的社区受到企业污染的话，该社区的公众也将受到损害，因此，他们具有了解企业环境信息的意愿。而新闻媒体、环境保护主义者和各类环境组织对企业的环境信息尤为关心，他们的舆论给企业造成很大的压力，迫使企业披露环境信息，改善环境绩效。另外，随着物质生活水平以及消费者素质和修养的不断提高，社会公众对绿色商品的需求日益增加，并关心企业环境污染及其治理情况。企业要想得到消费者的青睐，必须树立良好的环境形象，这只有通过披露企业环境信息来塑造。

3. 政府有关部门

企业披露环境信息，为政府部门了解企业对环境的污染及其在环保方面的业绩提供了便利。除此之外，还可以帮助环保部门掌握环境总体情况，帮助政府其他部门对企业的社会贡献做出公正的评价与决策。

二、企业环境信息披露的分类

（一）自愿性环境信息披露

企业对于这类信息的披露，是为了顺应消费者对绿色产品日益增强的偏好而自愿选择的绿色信息披露。主要包括：

1. 绿色会计制度

大型公司自愿在年度报告中增加环境信息内容，达到树立环境友好型公司形象的目的。据统计，全球最大的 500 家公司全部编制环境报告。

2. 绿色生产制度

企业通过 IS014000 环境管理体系论证，向外界证明其是清洁生产。

3. 绿色产品制度

如企业采取“有机食品”“绿色食品”“无公害食品”等产品认证标志，向消费者展示其产品的环保程度。绿色标志可以说明相关企业的生产方式是环境友好型的，对于环境保护主义者来说，虽然花费会增加，但他们还是愿意选择具有生态标志的产品。

信息披露可以为消费者做选择提供更多的信息，从而对有利于环境的产品和服务产生更大的需求。这类环境信息披露是企业在考虑到对自己有利的情况下做出的，属于“扬长”行为。

（二）强制性环境信息披露

这类信息披露是政府对企业的污染行为做出的强制性披露，让公众了解污染责任者，并对这些企业形成社会压力，促使其进行环境保护。例如，通过公布超标排污或偷排废水的企业名单，使企业接受社会舆论的监督。对污染排放的信息公开使得公众能够监督企业的行为以及他们对环境标准的遵守（或不遵守）程度。这种监督不仅可以有效地约束厂商，对于希望创造政绩的政府官员也是十分有效的。这类信息披露是企业在政府强制下显露自己的“短处”，属于“揭短”行为。

此外，通过制度创新，将两者进行有机融合也是可以的。例如，印度尼西亚的“公开曝光计划”。

第三节 独立环境会计报告的基本内容和披露方式

一、独立环境会计报告的基本内容

（一）环境会计信息系统的基本结构框架

区别于一般的财务会计信息系统，环境会计信息系统需要处理企业环境问题的财务影响与企业环境绩效两方面信息，所以，它也就有以下两个子系统：

1. 环境问题导致的财务影响会计信息系统

在该会计信息系统中，使用的仍然是现行会计的方法和程序，以货币单位对企业环境问题导致的财务影响进行记录和报告，如环境资产、环境负债、环境成本、环境收益以及环境经济损失等信息。为了使不同信息使用者都能够得到所需要的环境会计信息，该系统还可进一步划分为环境财务会计信息系统、环境管理会计信息系统、环境成本会计信息系统等。

2. 环境绩效会计信息系统

借助实物、物理、化学等单位，该系统实现了对告企业经济活动导致的环境影响以及企业环境受托责任的履行情况的报告和记录，如环境法规执行情况、环境质量、环境治理、资源再利用情况等。同样，为使不同信息使用者不同的环境绩效信息需求都得到满足，又可以将该系统进行进一步的划分：内部环境绩效会计信息系统和对外环境绩效会计信息系统。

上述两种环境会计信息系统相互交融、相互依存，共同构成环境会计信息系统的基本框架，如图 7–1 所示。

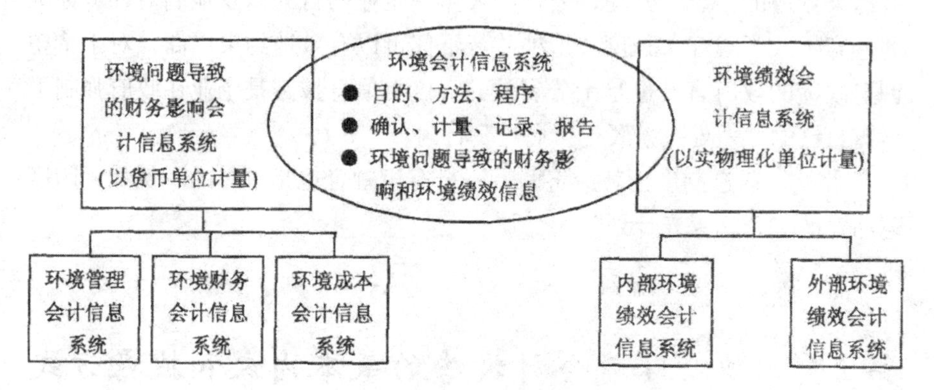

图 7–1 环境会计信息系统的基本框架

由图 7–1 可知，环境会计信息系统实际要处理的事项包含有两类：一类为企业环境活动的财务影响，换句话说，就是因当期与环境有关的活动给企业财务状况、经营成果和现金流量带来的影响，简言之，就是企业环境财务效益；另一类是企业环境绩效，其实就是企业在过去一段时间内所取得的环境管理的效果，包括国家环境法规执行情况、污染物降低和资源有效利用等方面的工作业绩。两类信息相辅相成，形成一个较为完整的信息披露体系，这有利于环境会计在投入与产出方面进行客观真实的评价。独立环境会计报告提供这两类信息，是受到了下面这两个目的的驱动：一是企业管理当局公示自己所承担受托责任的履行情况，包括经济意义和环境保护两方面的受托责任，以便有关方面对企业在环境问题上做出的努力及付出的经济代价进行了解；二是为信息使用者做决策提供帮助，包括经济意义上的决策和涉及环境问题的决策。

（二）企业环境活动的财务影响

在对企业环境活动的财务影响进行判别时，需要按照会计学确认标准进行程序认定。这涉及几方面的职业判断：第一，应该认定哪些事项和业务属于与环境有关的问题；第二，需要对这些事项和业务是否引起财务状况、经营成果或现金流量的变化进行认定，如果没有，则属于环境绩效问题范围；第三，需认定该事项和业务产生财务影响的期间，应于何时纳入会计报告中列报；第四，需认定这种事项和业务的财务影响应归入何种会计要素中进行反映，这一判断流程如图 7–2 所示。

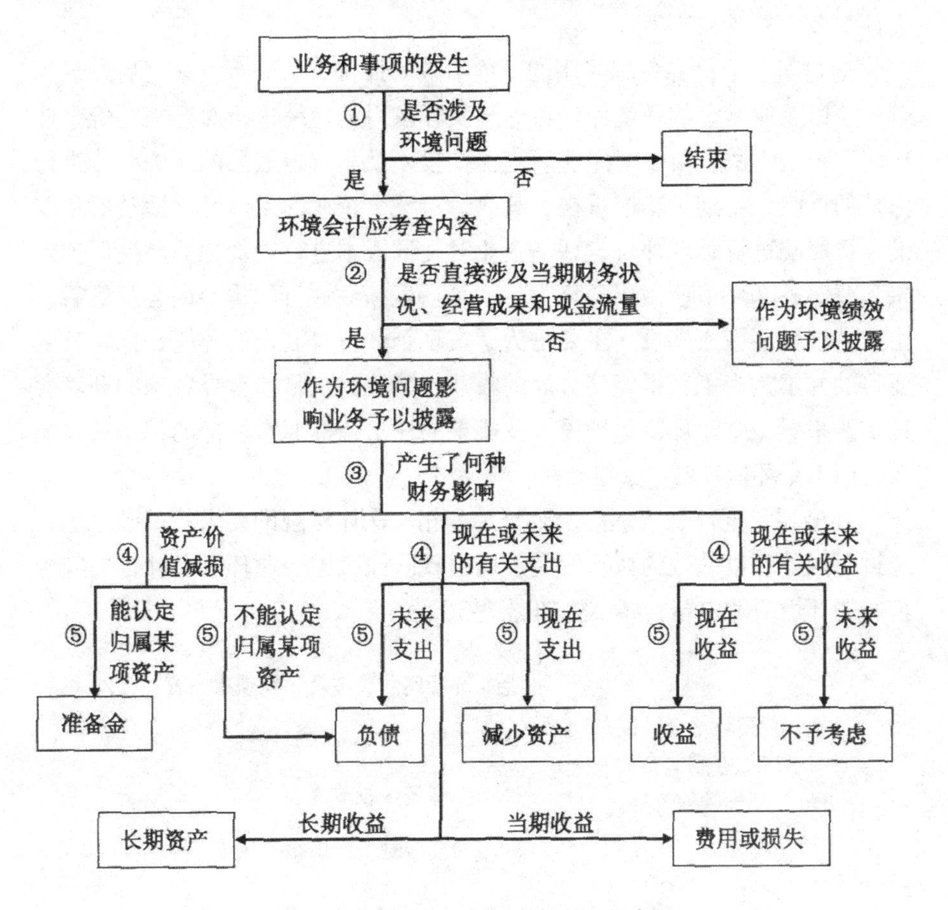

图 7–2 环境问题财务影响确认程序图

由图 7–2 可知，企业环境活动导致的财务影响，是指环境事项和业务对企业财务状况、经营成果、经营风险、未来发展机会等方面产生的影响，具体来说，包括环境成本、环境负债、环境资产及环境收益等要素金额的增加或减少。

（三）企业环境绩效评价的信息披露

企业对环境绩效进行评价，与评价企业财务业绩十分类似，但目前世界各国对环境绩效进行评价的标准和方法，意见还不是十分一致，更没有形成公认的准则。尽管如此，世界各国在环境会计的实务中，都尝试着运用了各种方法进行环境绩效评价，一些会计机构、环保组织和政府机构纷纷提出一些有关环境绩效指标的指南或指导性意见，以便各国企业在环境会计实务中参考和使用。

通过对目前世界各国采用的环境绩效的评价方法进行观察之后发现：首先，以企业制定的环境保护目标与实际取得的业绩进行对照来评价企业环境绩效的方法，由于对企业环境保护投入及其取得效果的相关性能进行清楚的反映，受到了普遍重视。其次，对整个企业的生产经营活动所造成的环境影响进行综合评价，评估企业对外部成本进行内部化的环境保护效果和改善外部环境所做出的努力，都是环境绩效评价的重要内容。最后，由于大多数环境成本投入主要是为了实现企业自身制定的环境目标，其主要目的并不是为了获得经济方面的收益，因此，从目前世界各国的环境会计实践来看，企业环境保护投入及成果的评价指标通常选择的都是环境绩效，而不是环境收益。

在遵循我国环境管理的宏观政策和相关法律法规的要求的基础之上，经过对国外环境绩效的认真研究，提出现阶段我国企业环境会计报告应当披露的环境绩效内容，其结构如图 7-3 所示。

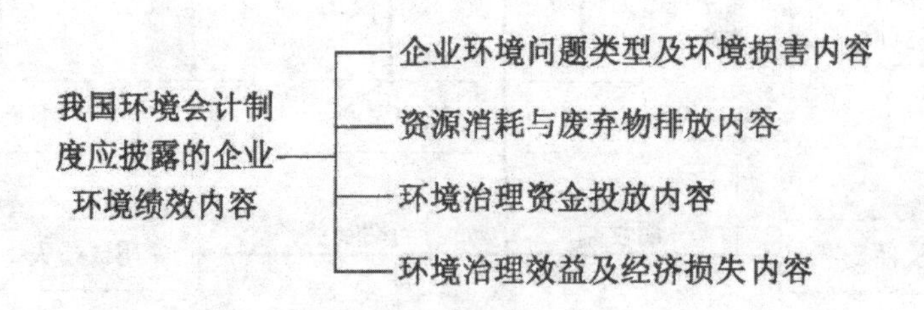

图 7-3 我国环境会计制度应披露的企业环境绩效内容

1. 企业环境问题类型及环境损害内容

首先，由于企业生产的产品、工艺流程、规模大小等条件不同，造成的环境影响在类型和程度上也有很大差别，因此，企业披露自己及所在行业相关环境问题的类型就显得十分重要，这些类型包括有水污染、空气污染以及固体废弃物污染等。其次，在该部分的披露内容中还应包括企业制度的环境目标和政策，以及实行该政策以来或在过去 5 年中在关键领域中做出的改进，具体内容有：按环境法规进行的任何重大活动、在政府要求下采取的环境保护措施的程度和按照政府要求应达到的程度以及政府在环境保护方面所提供的各种激励措施。如果没有明确的环境目标和方案，就要把这个事实客观地披露出来。再次，应对企业造成的环境损害给出充分的说明，具体有下面一些为内容：要求对这些损害作出补救的法律、规章的简要说明；环境损害的性质、原因及可能后果；对据以计提环境准备金的现有法律和技术所发生的变化的简要说明。最后，在限期治理的对象中如果包含有该企业，那么，它还应对列入的原因、限期治理的目标与工作进度情况进行说明。

2. 资源消耗与废弃物排放内容

资源消耗内容主要是对企业完成某种规模生产量所消耗各种资源的数量的反映，包括非再生资源和再生性资源两种。资源消耗又与环境污染密切相关，因此，会给环境造成沉重的污染负担。对资源消耗的反映有下列一些指标：

（1）单位产品非再生性资源消耗率

其分子项是非再生性资源消耗额，对企业生产消耗数据进行分析之后可取得；分母项是产品产量，其来源于生产统计资料。该指标主要是对企业在生产过程中非再生资源（如石油、天然气、矿物质等）耗费的程度的反映。

（2）单位产品再生性资源消耗率

产品在生产过程中的再生性资源消耗水平是该指标的主要反映内容。这些再生性资源通常是人工性资源，其本身就是人们劳动的产品或进行加工后的结果，但根据物质流规律，它的生成通常也离不开对非再生性资源的消耗，因此其降低也可以间接地起到保护环境的作用。该指标分子为再生性资源消耗量，也可从企业生产消耗数据中获得，分母则仍为产品产量。

（3）废品消耗率

废品是指在产品质量检查中发现的不符合质量标准的制品，它的产生就说明出现了资源浪费，因此对其单独计算并重点考核，对减少资源消耗、加强环境保护、提高企业经济效益均具有重要意义。该指标有下面一些计算公式：

$$\text{废品消耗额} = (\text{不可修复产品的生产成本} - \text{回收价值}) + \text{可修复废品的修理费}$$

$$\text{主要有色金属（铜）矿产资源产出率} = \frac{\text{铜矿产资源消耗量}}{\text{国内生产总值}} \times 100\%$$

不同于资源消耗以投入作为主要考察角度，环境污染排放的内容则产生于企业的输出环节。从环境污染排放的特点出发，可设置相关指标来考核企业生产活动中产出的废弃有害物质的排放水平。由于企业有很多种环境污染物项目，因此，可以将环境污染排放指标分为两类来进行设计：环境污染物排放综合性指标和环境污染排放分项指标。

环境污染排放综合性指标在对各种生产活动的污染物排放总量或其与所完成的生产活动规模总量的比例关系进行反映时，使用的主要是价值尺度，它有两种计量形式：污染物排放价值总值和污染物排放价值比率。环境污染排放分项指标是以排放污染物的种类为依据而设置的考核指标。由于各类企业污染物排放之间具有一些共同的特征，通常其分项指标有：固体废弃物质排放指标、废气排放指标、废水排放指标、包装物遗弃指标。

3. 环境治理资金投放内容

在企业生产中，废弃物排放污染环境是不可避免的，因此就需要进行环境恢复和治理，而环境治理是需要一定的资金投入、占用和耗费的。环境治理资金投放指标就是为了对企业在环境治理活动中所投入和耗费的资金水平进行考核而设的。由于投入与耗费的属性存在不同，它又分为环境治理投入资金与环境治理资金耗费两类指标。这样划分的主要依据是：前者属于资金占用性质，在进行会计处理时通常以资产来对待，而后者属于耗费性质，属于环境费用或成本范畴。

二、独立环境会计报告的披露方式

（一）独立环境会计报告的披露原理

按照我国企业会计制度对财务会计报告的规定，企业财务会计报告包含有三个组成部分：会计报表、会计报表附注和财务情况说明书。其中，企业向外提供的会计报表包括：现金流量表、资产负债表、利润表、资产减值准备明细表、分部报表、股东权益增减变动表、有关其他附表。而在会计报表附注中，至少要包括一些重要事项的说明，对于财务情况说明书来说，其内容中至少要包含对企业生产经营基本情况、资金增减和周转情况以及对企业财务状况、利润与分配情况、经营成果和现金流量有重大影响的其他事项做出说明。事实上，这种披露方式主要围绕着资金运动，分别从资金存量状态与流量规模、原因与结果两个角度设置对应表格或方式进行的报告形式设计，其中，资产负债表主要是对资金运动存量状况的反映，现金流量表和利润表则是对资金运动流量信息的披露，会计报表附注和财务情况说明书则是对报表数据的形成结果做出详细的补充说明，这样，信息使用者就可以对企业的财务状况、经营成果和现金流量的来龙去脉有一个清晰的把握，进而做出有效的判断。

在独立环境会计报告中，对企业在生产经营过程中履行环境责任情况的披露是必不可少的一项内容，包括用于环境保护活动中的资金运用和来源情况，所取得的环境绩效，同样可以借鉴财务会计报告形式设计的存量与流量、原因与结果思维方式，来设计独立环境会计报告方式。按照这种思路，可进行如下报告原理的设计，见图 7–4、图 7–5。

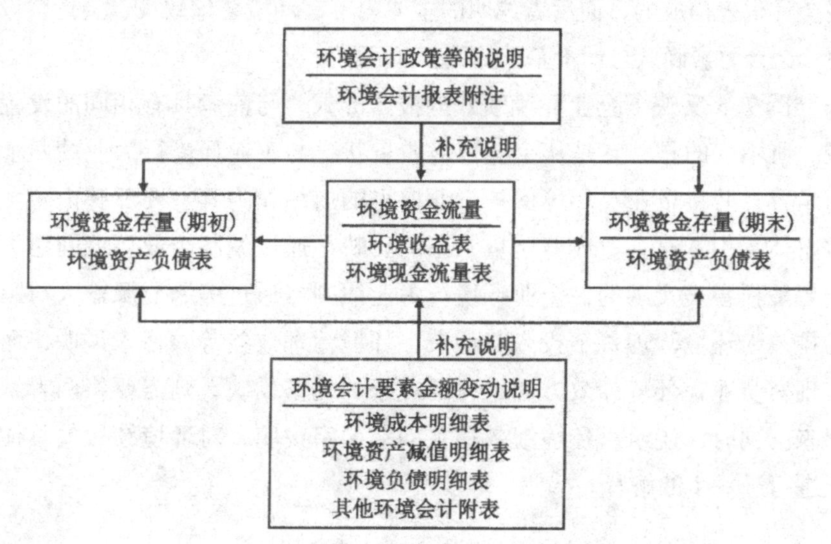

图 7–4　独立环境会计报告中的会计报表设置原理

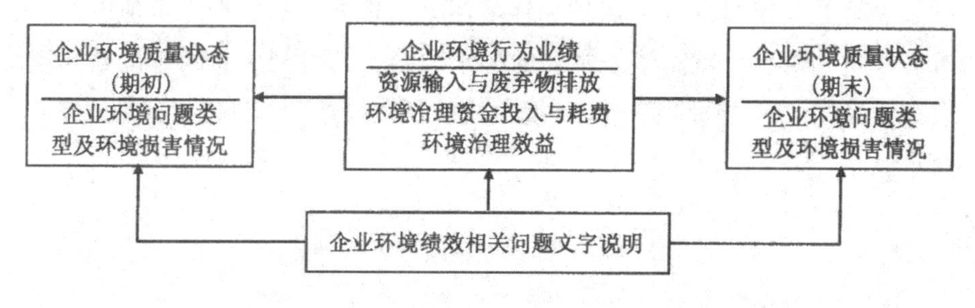

图 7–5　独立环境会计报告中的环境绩效表设置原理

图 7–4 是对独立环境会计报告中的会计报表的设置原理的说明，而图 7–5 则是对环境绩效表的设置原理的说明。图 7–4 表示企业履行环境责任义务在财务方面的信息披露方式，其基本会计报表是由环境资产负债表、环境收益表和环境现金流量表三部分构成的，其中，环境资产负债表是反映企业某一时日环境资金运动的静态报表，而环境收益表和环境现金流量表则是将企业某一时期环境资金运动作为反映内容的动态报表，两者相辅相成。另外，为了对基本报表中的数据形成、发生原因及去向进行进一步的说明，我们还设置了附表与附注形式，前者主要是由环境成本明细表、环境资产减值明细表、环境负债明细表、环境资金来源与运用表及其他环境会计附表构成的，而后者说明的主要内容有环境会计政策、会计假设变更、会计要素确认与计量基础等。

图 7–5 反映了企业环境绩效的披露形式，与前者具有相同的设置原理。所不同的是，它是从企业环境质量状况与企业环境行为业绩两个方面设置，并将企业在环境保护方面取得的成绩作为其主要反映内容。该披露体系中，对企业环境质量状态的反映是通过编制企业环境问题类型及环境损害表实现的，企业环境行为业绩则需通过编制资源输入与废弃物排放、环境治理资金投入与耗费、环境治理效益等表格来说明，而要实现对企业在环境绩效方面取得的成果的完整反映，则需要将两者结合起来。同时，还给出环境绩效相关问题文字说明，对环境绩效的具体情况进行进一步的解释。

（二）独立环境会计报告中的会计报表设计

1. 环境资产负债表

企业在一定日期环境保护和环境污染治理方面的资产、负债以及所有者权益的情况，就是该表主要的揭示内容。其编制建立的基础是环境会计方程式，即“环境资产 = 环境负债 + 环境权益”。具体格式如表 7–1 所示。

表 7-1 环境资产负债表

编制单位：　　　　　　　　年　月　日　　　　　　　单位：元

环境资产	年初数	期末数	环境负债及权益	年初数	期末数
环境流动资产： 因环保目的购入的材料等 因环保目的购入的半成品等 因环保目的支付的在途货款 因环保目的获得的应收债权 环境固定资产： 环境保护固定资产减： 环保固定资产累计折旧 环境保护固定资产净值 减：环境保护固定资产减值 环境保护固定资产净额 环保工程物资 环保在建工程净额 环保无形资产： 环境保护专利权 购人的排污权 其他非流动资产			环境负债： 环保借款 其中： 短期 长期 应付环保资产租金 应付排污费 应付融资租入环保设备款 应交矿产资源补偿费 应交环保税费 预提环境恢复准备金 预提环境损害赔偿准备金 环境权益： 环境投资公积金 接受捐赠非现金环保资产准备 环保拨款转人 法定环保基金		
环境资产总计			环境负债及权益总计		

由表 7-1 可知，企业计入资产负债表中的环境资产，实际上已成为了一种用于环境保护的专用型资产，实现资产的环保使用是对其进行确定的主要依据。表中贷方的负债是与环境保护直接相关的银行借款、应付账款及环境损害尚未支付的债务，环保投资的外部资金调入或环境负荷的债务使其主要的来源。需要注意的是，企业还可在自有资本中设立环境保护投资公积金，用于未来的环境保护投资，其性质是利润中提取的任意公积金。另外，该表还专门设置了环保准备金，这是为不确定的债务和未完交易而造成的损失准备的基金，表明企业存在着对第三者的义务。它具有不确定环境债务型准备金和费用型准备金两种类型。前者的主要内容有：对已发生环境损害的赔偿义务、已发生环境负荷的罚金、环境税、煤矿损害治理

义务、农田恢复或再生义务等；后者则主要是由保护环保设备、清除废弃物和环保设备大修的基金构成。

2. 环境利润表

在该表中，揭示的主要内容包括：企业在环境保护和环境污染治理方面所取得的收益、发生的环境费用及对社会生态环境改善所作的贡献。表7–2是其具体格式。

表7–2 环境利润表

编制单位： 年 月 单位：元

项 目	本月数	本年累计数
一、环境收益		
资源资产实现收益		
“三废”产品销售收入		
环保补贴收入		
环保营业外收入		
二、环境成本		
减：环保直接支出		
环境保护辅助生产成本		
环境保护制造费用支出		
减：环境保护管理费用支出（含环境税金）		
环境保护营业费用支出环保营业外支出		
三、环境利润		

3. 环境会计现金流量表

当需要提供企业一定期间的现金流量信息时，主要使用的就是该表，表7–3所示的就是现金流量表的一种格式。

表7–3 环境会计现金流量表

编制单位： 年 月 单位：元

项 目	金 额
一、经营活动产生的现金流量	
取得直接环境收益收到的现金	
销售利用“三废”生产产品收到的现金	
收到国家环保贡献奖金	
收到国家环保补助或价格补贴	
收到的污染损失赔偿金	

续表

项 目	金额
销售排污权收到的现金	
现金流入小计	
支付的环境保护费	
支付的矿产资源补偿费	
支付的环境资源税	
支付的环境污染罚款	
支付的环境污染赔偿金	
购买排污权支付的现金	
现金流出小计	
经营活动产生的现金流量净额	
二、投资活动产生的现金流量	
处置环境资产收回的现金	
处置环保设备收回的现金	
现金流入小计	
购建环境资产支付的现金	
购建环保设备支付的现金	
现金流出小计	
投资活动产生的现金流量净额	
三、筹资活动产生的现金流量	
环保借款收到的现金	
现金流人小计	
偿还环保借款支付的现金	
偿还环保借款利息支付的现金	
现金流出小计	
筹资活动产生的现金流量净额	
四、汇率变动对现金流量的影响	
五、现金流量净增加额	

其中，下面一些项目是与环境资产信息相关的：

（1）与环境活动有关的现金流入：销售排污权收到的现金（环境无形资产转让收入净现金）、处置环保设备收回的现金、处置环境资产收回的现金。

（2）与环境活动有关的现金流出：购建环保设备支付的现金、购建环境资产支付的现金、购买排污权支付的现金。

4. 环境资产相关附表

企业不仅可以编制基本环境会计报表，还可以编制相关附表，这样对环境资产信息的披露会更详细、更全面，包括环境资产减值明细表、环保固定资产明细表、环保应收账款明细表和环保无形资产明细表等。

5. 环境负债明细表

对环境负债明细表进行设置，可以实现对环境资产负债表的负债项目的补充说明。通过此表，可以对企业在某期间负债的增减变动情况进行观察。

6. 环境成本明细表

在环境成本明细表中，对企业在环境保护方面所发生的各项具体支出进行了揭示。对于它的格式的设计，可根据多种不同的分类标准进行。

（三）独立环境会计报告的环境绩效表格设计

1. 企业环境问题类型及环境损害情况表

该表主要是对企业“三废”排放及资源消耗情况的揭示，并在表下对其可能造成的环境损害用文字进行了说明。其格式如表 7–4 所示。

表 7–4 企业环境问题类型及环境损害情况表

	计量单位	去年	今年	增减量	法规标量	达标率
1. 大气污染 1.1 SOx 1.2 NOx 1.3 其他 1.4 总排放量						
2. 水质污染 2.1 BOP 2.2 COP 2.3 PH 2.4 CU 2.5 其他 2.6 总排放量						
3. 废弃物 3.1 产业废弃物 3.2 非产业废弃物 3.3 总废弃量						
4. 资产消耗 4.1 主要原材料 4.2 电力 4.3 煤炭 4.4 其他燃料 4.5 水						

续 表

	计量单位	去年	今年	增减量	法规标量	达标率
5. 有害物质使用 5.1 氰化物 5.2 苯酚 5.3 甲醛 5.4 其他						
6. 其他 6.1 噪音 6.2 粉尘 6.3 其他						
主要环境损害情况说明：						

表中纵栏按污染物项目设置，以此可以对企业存在的环境问题类型有一个清楚的了解；横栏则反映与去年对比是否达到国家标准，是对企业环境问题程度的反映；在下方的空白栏中，则对表内环境污染物可能会造成的损害进行了文字说明，以便于人们了解企业环境问题的损害性质。

2. 废弃物排放及治理表

有时在一张表中同时反映废弃物的排放与治理，也是一种较好的方式。因为根据废弃与治理的联系，可依据废弃物的排出与回收利用的物量平衡关系，可以对排放、治理与处理三者之间的关系进行有效的揭示，因此，这也是一种好方式。

3. 资源输入及消耗表

在资源输入与消耗表中，企业对自愿的消耗增减变动情况是主要的反映内容。

4. 环境治理资金投入与耗费表

通过该表，可以对企业进行环境设备、环保技术投资及用于环保设备运行方面的耗费情况有一个清晰的了解。

最后，需要在上述报表之后对有关环境绩效相关问题进行文字说明，另外，还要对表中数据及相关指标的计算给予说明。

总之，独立环境会计报告是信息系统对外披露信息的一个重要环节。它的数据的来源、构成自然与环境会计信息系统的数据收集与加工密切相关，后者的基本结构框架决定独立环境会计报告的基本内容。环境会计信息的披露方式对于信息使用者具有很重要的作用，有效的披露方式不仅可以降低环境会计信息提供者的提供成本，还可以使环境会计信息更具有理解性。

第四节　我国上市公司环境会计信息披露现状及影响因素

一、我国上市公司环境会计信息披露现状

（一）上市公司各行业环境信息披露比例

在与环境的相关程度上，不同行业是不同的，因此，不同行业的环境信息披露比例也大为不同。上市公司各行业的环境信息披露比例如表 7–5 所示；而表 7–6 所展示的则是重污染行业与非重污染行业的环境信息披露比例。

表 7–5　各行业的环境信息披露状况

行业	公司个数	披露公司数		行业内披露百分比（%）	
		2003 年	2002 年	2003 年	2002 年
采掘业	16	14	14	87.50	87.50
造纸、印刷	22	17	16	77.27	72.73
电力、蒸汽及水的生产及供应业	48	35	25	72.92	52.08
石油、化学、橡胶、塑料	132	86	82	65.15	62.12
金属、非金属	115	70	62	60.87	53.91
医药、生物	74	40	37	54.05	50.00
食品、饮料	52	28	26	53.85	50.00
木材、家具	2	1	2	50.00	100.00
农、林、牧、副、渔业	29	14	13	48.28	4.4.83
纺织、服装、毛皮	54	26	24	48.15	44.44

续 表

行 业	公司个数	披露公司数		行业内披露百分比（%）	
		2003 年	2002 年	2003 年	2002 年
电子	33	9	13	27.27	39.39
综合类	82	21	19	25.61	23.17
其他制造业	20	5	4	25.00	20.00
机械、设备、仪表	207	43	43	20.77	20.77
建筑业	20	4	3	20.00	15.00
社会服务业	45	9	10	20.00	22.22
交通运输、仓储业	49	5	7	10.20	14.29
房地产业	41	4	3	9.76	7.32
批发和零售贸易	95	9	8	9.47	8.42
传播及文化产业	12	1	0	8.33	0.00
信息技术业	38	1	0	2.63	0.00
金融、保险业	9	0	0	0.00	0.00
合计	1 195	442	411	36.99	34.39

表 6-6 重污染与非重污染行业披露状况

	企业个数	披露企业数		披露百分比（%）	
		2003 年	2002 年	2003 年	2002 年
重污染行业	461	288	260	62.47	56.40
非重污染行业	734	154	151	20.98	20.57
合计	1 195	442	411	36.99	34.39

通过表 7-6，可以看到在众多的行业当中，进行环境信息披露的企业主要集中在上表中的几个重污染行业之中，2002、2003 年重污染行业的披露比例分别为 56.40%和 62.47%，要比非重污染行业的 20.57%和 20.98%高出许多。在 2003 年，采掘，造纸、印刷，电力、蒸汽及水的生产及供应业，石油、化学、橡胶、塑料，金属、非金属，依次占据了披露比例的前五个名额，而其他很少与环境发生联系的行业，披露环境信息的企业所占比重相对较

低，尤其是传播及文化产业、房地产业、批发和零售贸易、文化等第三产业，披露比例连10%都不到，金融、保险业等甚至没有披露与环境相关的内容。与2002年相比，2003年重污染行业的披露比例明显升高，其中最为显著的是电力、蒸汽及水的生产及供应业，而木材、家具，电子行业的比例有较大的下降。尽管存在以上变化，但从上市公司整体上来看，环境信息披露的行业分布和比例并没有发生明显的变化。

（二）上市公司披露环境信息的内容

在联合国国际会计和报告标准政府间专家工作组第15次会议上，讨论并通过了《环境会计和报告的立场公告》，以此为依据，企业应当披露的环境信息内容有数十项，包括企业有关环境问题的类型、企业已通过的关于环境保护措施的政策和方案、自政策执行以来在重要领域内的改善情况等。2003年9月，国家环境保护总局颁布了《关于企业环境信息公开的公告》，对企业必须公开的环境信息进行了明确，主要有以下内容：企业环境保护方针、污染物排放总量、企业环境污染治理、环保守法情况、环境管理等，而下面一些内容则可以根据企业自身意愿，自行选择公开，包括：企业环境的关注程度、企业资源消耗、企业污染物排放强度、当年致力于社区环境改善的主要活动、下一年度的环境保护目标、获得的环境保护荣誉等。

企业中存在着很多环境方面的事项，它们或已发生或现在正存在或将来可能发生，这些事项的存在会在一定程度上影响到企业的资产、负债和收益等，但是由于事项重要程度的不同，而且在环境披露的内容上也没有统一的规定，在对外披露环境信息的时候，企业只能以自己的判断为依据，结合特定的目的，对披露事项进行选择。

（三）上市公司环境信息披露的表述形式

由于环境问题的特殊性，环境信息的存在形式也表现出很大的不同。通常情况下，环境信息可以以非货币的形式存在，换句话说，就是企业对社会的环境责任履行情况以及企业其他方面的环境行为是通过文字表现出来的。这种形式的特点是对不能用货币综合反映的企业环境方针、政策执行情况及其带来的社会效益，通过文字来说明，不计算成本和收益，仅对企业的单纯环境活动信息进行披露。当然，货币化的形式也会运用到，将可量化的环境信息融入常规财务报表中，同时在会计报表附注中还可以对环境经常性支出、环保措施对企业资本性支出和损益的影响以及对未来的影响等数字内容进行揭示。当然，对企业环境活动的反映也可以通过非货币和货币两种形式相结合的方式来进行。

（四）目前我国上市公司环境信息披露的主要方式

在表 7–7 中，所展示的就是目前我国上市公司进行环境信息披露方式的统计结果。

表 7–7 环境信息披露方式

方 式	2003 年		2002 年	
	企业数	占总数比例（%）	企业数	占总数比例（%）
董事会报告	108	21.69	121	26.36
财务会计报表	0	0.00	O	0.00
报表附注	375	75.30	323	70.37
单独部分（健康、安全、环境）	1	0.20	1	0.22
重要事项	6	1.20	12	2.61
其他	8	1.61	2	0.44
合计	498	100.00	459	100.00

在表 7–7 中，企业在对外披露环境信息时，运用的主要形式是董事会报告和报表附注，采用这两种形式的企业大约占到了总数的 97%；同时，对于企业当期发生的与环境相关的重大事项，企业会在重要事项中进行反映，除此以外，企业基本上都是运用这两种方式来披露环境信息的。上表中所列的采用单独部分披露的只是一个特例，其为中国石油化工股份有限公司（简称中国石化，股票代码 600028）。该公司采用的方式虽然是单独披露，但具体内容也仅是一个说明形式的定性分析，更进一步、更具实用性的信息没有表述出来。另外，表中所指的“其他”主要是指同时在香港上市的公司由于两地信息披露格式的不同，而在其他部分进行披露的内容。

（五）我国现有的与环境信息披露有关的法律法规

多年来，我国政府一直致力于进行环境保护工作，制定了《中华人民共和国环境保护法》、水污染法、资源管理法等一系列的法律、法规，但却很少有相关的法律法规是对企业（尤其是上市公司）环境信息披露进行表述与规定的。目前仅有的一些法律、法规，如《上市公司治理准则》《公开发行证券的公司信息披露内容与格式准则第1号——招股说明书》《中华人民共和国清洁生产促进法》等，其重点也都放在对公司首次公开发行股票时环境信息披露的要求上，很少有对上市公司的定期报告进行环境信息披露的具体要求，更别提对临时报告等其他形式的规定了；于2003年9月起施行的《中华人民共和国环境影响评价法》，也只是在总则中对建立必要的环境影响评价信息共享制度有所提及。不过，在2003—2005年的全国污染防治工作计划中，国家环境保护总局制定了对上市公司环境审查进行规范的制度，并且在2003年还出台了《关于对申请上市的企业和申请再融资的上市企业进行环境保护核查的通知》《关于企业环境信息公开的公告》等文件，比较详细地规定了企业环境信息披露的内容与形式等，并准备与中国证监会联合研究有关新上市公司环境审核的审核办法以及已上市公司环境信息披露的管理办法。

二、我国上市公司环境会计信息披露影响因素

（一）企业环境的会计信息披露和公司治理紧密相关

有关研究表明，在公司董事会结构中，独立董事人数比例与环境会计信息披露水平之间的相关性并不显著，因此，我国上市公司在企业环境会计信息披露中，不能太注重独立董事人数比例的作用。为了满足证监会所要求的独立董事比例，上市公司可以采取减少公司董事和直接增加独立董事的途径。在实际中，我国很多上市公司为达到这一要求，基本上采用的都是减少董事会规模的办法。在实证研究中我们发现，通过对公司审计委员会进行设置，可以促进上市公司的环境会计信息披露行为。由此可以得出结论：上市公司设置的审计委员会与公司的环境会计信息披露存在正相关的关系。

在审计委员会中，其主要成员就是独立董事，他们作为管理、法律、财务方面的专家，对公司环境信息披露的评价会比较客观与公正，能真正代表广大股东的利益。同时，由于利己倾向的存在，公司董事持股人数越多，对企业进行环境会计信息披露越不利。由于受到理性经济人假

设的影响，持有公司股票的董事会在自身利益的驱动下会做出不利于广大企业利益相关者的决议，从而导致企业在环境信息披露上比较消极，很少甚至不披露企业环境信息。董事长与总经理两个职位合一变量，观察相关实证研究和统计结果可以发现，在我国大部分地区，污染行业上市公司中，作为企业代理人的总经理，在委托—代理关系的限制下，身兼董事长的总经理往往会对外隐藏对公司不利的信息，产生“道德风险”，管理层在环境会计信息披露方面缺乏动力，是影响企业环境会计信息披露水平的一个重要因素。

（二）公司盈利水平和规模对企业环境会计信息披露的影响

监管部门和社会公众对于绩效好、规模大的上市公司会给予更多的关注，在各种压力下倾向于披露更多的环境信息。另外，企业通过环境信息的披露，树立企业保护环境的良好形象，会帮助企业吸引更多的投资，从而提高其价值。所以，在外因和内因的双重驱动下，绩效好、规模大的企业表现出了自愿披露环境会计信息的倾向，并借助这种方式与投资者进行沟通。积极对外发布企业环境信息已成为中国公司树立良好环保形象的一个有效措施。

（三）企业环境会计信息披露水平与公司治理结构的相关性研究

在上市公司中，各个参加公司治理的利益主体所需要的重要信息绝大部分是来自客观、全面、真实的环境会计信息披露。通过环境会计信息披露，可以使委托代理关系中导致的信息不对称情况得到缓解，从而保证了公司的有序、高效运作。相应地，要使环境会计信息的质量更加完善，公司必须要进行合理的治理制度安排，换句话说就是，公司治理的完善程度对企业环境会计信息的质量具有决定性的影响作用。目前我国污染行业上市公司环境会计信息质量较低、披露不高，根本性的原因就是公司治理结构存在着制度缺陷。另外，企业环境信息披露较低还有其他一些原因，包括公司中董事会成员构成不合理、内部人控制和缺乏对经理的有效监控等。因此，完善公司治理框架，实现环境会计信息与公司治理的良性互动和相互促进，也可以使环境会计信息披露水平得到提高。

第五节 西方国家环境会计信息披露的特点及对我国的启示

一、西方国家环境会计信息披露的特点

从上述西方国家披露环境信息的实践，可以归纳出以下特点：

（一）政府发挥了不可替代的作用

西方许多国家在相关的法律法规中，都明确规定了环境保护的要求，而且对违反环境保护法的行为，制定了非常严厉的惩罚措施。随着环境法规的不断完善和健全，企业将会面临越来越大的环境风险，企业为了自我保护，不得不关心环境保护，接受绿色经营理念。

西方国家对企业的环境信息披露大都采取强制与自愿相结合的方式，政府环境管理机构在对企业环境信息披露进行法律和行政强制规定的同时，还通过制定政策调动企业自身的积极性，增强企业进行环境信息披露的自愿性。另外，还与会计职业团体合作，对环境信息披露的内容和形式进行技术上的规范，为环境信息披露提供统一的标准，使环境信息的披露有法可依，有章可循。而企业环境信息披露自觉性的高低，与企业文化、投资者投资导向、政府政策导向、消费者需求导向等有很大的关系。

（二）社会公众环境意识觉醒的推动作用

在西方经济发达国家，社会各界对环境问题是十分关注的，具有很强的环保理念，许多社会团体和个人自觉致力于环境保护活动，积极倡导以对物资资源进行循环利用的生活模式来代替生产—消费—废弃的生活模式。在这种大环境下，如果企业不重视环境保护，就会陷入环境风险的困境，其相关的费用也将会不减反增。例如：如果企业不进行环保型经营，很可能会在绿色采购的浪潮中失去生意伙伴，由于绿色投资的兴起而导致股价下跌，使投资者失去兴趣，或者因污染土地而在某一天被追究环境责任。

在此压力之下，企业逐渐重视对环境的保护，披露环境信息，对企业实施环保措施的资金投入和效益情况进行揭示，树立良好的企业形象，以引起投资者和消费者的兴趣，降低环境风险。

（三）上市公司和大型企业的领头

政府监管的主要对象就是上市公司和大型企业，因此，证监会对其信息披露的规定与要求十分严格，也因此，在西方国家，进行环境信息披露的主要群体就是上市公司和大型企业，中小型企业很少会进行环境信息披露。其原因主要是管理部门缺乏兴趣、对披露环境信息给企业带来的影响持怀疑态度、数据收集困难和成本太高，以及缺乏标准化的环境指标体系等。这说明即使对于西方经济发达国家，环境信息披露工作仍然任重而道远。

（四）披露形式和内容的多样化

有的企业在进行环境信息披露时运用的主要形式是年度会计报表附注，也有的企业单独编制环境报告书。披露的内容包括货币量信息和非货币量信息，后者是主要的。在货币量信息中大多数企业侧重于披露环境支出，很少会计量和披露环境收益。

（五）披露范围和质量的差异

虽然有越来越多的企业加入披露环境信息的行列，披露质量也稳步提高，但是总体来看，在环境信息披露的范围和质量上还存在着很大的差异。1992 年和 1994 年，联合国贸易与发展委员会议对一些较大公司的环境报告进行了监控，两次调查的结果都显示，企业的环境信息披露大多是定性的、描述性的，披露内容比较片面，缺乏可比性。尤其值得一提的是，没有很好地将反映环境目标和为实现环境目标所发生的耗费以及由此取得的环境成果之间的信息联系起来。1996 年，毕马威会计师事务所对 12 个发达国家各自排名在前 100 位的公司进行了调查，结果显示，对环境信息进行披露的公司占到 23%，但不论是年报形式还是专门编制的环境报告形式，其信息披露的范围和质量差异都很大，很难实现企业之间的分析与比较。

（六）披露内容和方式的不同

虽然许多国家的政府部门和会计组织对环境信息的披露有专门要求，但整体看来，环境信息披露的内容和方式的决定权还主要是在企业手里。由于披露环境信息会增加相应的资料收集成本，而且可能会造成企业的商业秘密泄露，因此如果披露内容完全由企业的主观意愿来决定的话，可能会只有好的一面，坏的一面就被隐藏了，而且披露的财务信息会很少。出于对这个问题的考虑，许多国家的会计组织都在探讨能否通过制定相关的规则来规范环境信息披露问题，对此，联合国国际会计与报告标准政府间专家组也付出了很多努力。

（七）普及了网络披露信息方式

随着网络的迅速发展和普及，通过本公司网页发布环境报告已成为普遍做法，由于网络传播具有及时和覆盖面宽的优点，借助于此，可以扩大公司环境报告的影响范围，从而在公众面前树立公司的良好现象。

（八）披露程度与经济水平成正比例

经济越发达的国家，对环境披露的重视程度越高，污染严重的行业，进行环境信息披露的企业比重较大；反之则较少。

（九）促使环境信息质量更高

环境审计主要是对企业所披露的与环境有关的信息进行验证，换句话说，就是针对环境信息提供可信性保证服务。对财务报表进行环境审计所依据的评价标准就是联合国国际会计和报告标准政府间专家工作组（ISAR）颁布的《环境会计公告》。1998 年 3 月，国际会计师联合会所颁布的事务公告中也对财务报表增加环境审计进行了规定，以此可以指导注册会计师进行环境审计实务。目前国外已有不少企业委托会计师事务所从事此类业务，注册会计师已将其变成了自己一个新的服务领域。

（十）环境会计理论和实务均尚待研究和完善

对于大部分西方国家而言，环境会计就只意味着信息披露，只是在传统会计中又加入了简单的环境会计内容，记录环境资产、负债、收入、成本费用变动情况，为进行环境信息披露提供数据资料。环境会计理论和实务还不是很完善，需要进一步的研究与探索。

二、西方国家环境会计信息披露对我国的启示

（一）发挥政府部门作用

应注重环境执法力度，发挥政府环境管理部门在环境管理和环境信息披露中的作用。

在西方国家环境信息披露过程中，国家环境保护机构起到了十分重要的作用，其在职能范围内不断加大环境执法和惩处的力度，迫使企业认识到环境问题为企业经营所带来的风险，促使越来越多的企业重视环境保护，接受绿色经营理念，引导企业自愿进行环境保护和环境信息的披露。

我国的相关法律法规也对环境保护进行了明确的要求，而且对违反环境保护法的行为，也有相应的惩罚措施，但是其执行力度往往较小，法律法规应有的效力发挥不出来，企业感受不到环境风险的压力，因此对环境保护、环境信息收集和披露也就表现得比较冷漠。

（二）发挥社会舆论作用

注意强化舆论监督，充分发挥社会舆论作用，唤醒社会公众的环境意识。

在社会上对环境信息比较关注的群体可以划分为三类，即新闻媒体、环境组织和当地社区。环保组织和当地社区虽然不能对企业的经营活动进行干预，但可以通过新闻媒体向企业施加压力，迫使企业将更多精力放在环境保护上，并通过对环境问题给人类生存和发展造成的影响进行及时的报道和宣传，唤醒社会公众的环保意识。一旦环境危机和环保理念得到人们的普遍接受，企业进行环境信息披露也就势不可挡了。

（三）环境信息的披露应从上市公司做起

实施环境会计，披露环境信息，需要企业的会计人员具有较高的业务水平。上市公司属于公众公司，其会计信息质量有着较广的影响范围，会计核算相对比较完善，环境会计基本的实施条件也都已具备。因此进行环境信息披露应当从上市公司中的污染行业做起，在拥有了丰富的经验以后，

再在其他企业进行推广。

（四）应允许企业以多种形式进行环境信息的披露

由于对于环境会计的研究和探索还并不是十分成熟，即使在西方国家，企业环境信息披露在形式和内容上也并不统一。我国对环境会计的研究和环境信息披露的实施刚刚起步，因此允许企业在环境信息披露形式的选择上比较自由。只要对信息使用者进行决策有用的环境信息，都可以披露。对于披露的信息的计量，既可以通过货币实现，也可以通过实物指标或技术指标实现。披露形式既可以采用财务报告，也可以编制单独的环境报告书。

（五）我国实施环境会计和有效的环境信息披露仍然任重道远

西方国家的环境信息披露已经经历了十几年的发展历程，总体上看，进行环境信息披露的企业数量不断增加，披露质量也越来越高，但是环境信息披露的范围和质量仍然存在较大差异。大部分环境信息是描述性的，披露内容具有片面性，缺乏可比性。因此，对于我国来讲，环境信息披露的道路还很漫长。

第六节　完善我国环境会计信息披露的对策建议

一、加强环境会计相关制度准则的建设

随着我国对环境保护等问题的日益重视，近年来，一批数量众多的有关环境的法律法规及政策产生了，如《环境保护法》《清洁生产促进法》《环境污染法》《水污染防治法》《大气污染防治法》《海洋环境保护法》《环境影响评价法》《固体废弃物污染环境防治法》《环境噪声污染防治法》《关于企业环境信息公开的公告》《排污费征收使用管理条例》等；2007 年，我国出台了《环境信息公开办法（试行）》，我国的企业环境信息公开由此得到了正式的规范，并且还将自愿公开与强制公开相结合作为企业环境信息公开的一个重要原则；在 2010 年 9 月，《上市公司环境信息披露指南》

（征求意见稿）也正式问世。由于受到这些法律法规的督促，我国企业对于环境保护及环境信息的披露给予了高度的重视。但是，这些法规制度基本上都是在政府监管这一主体下，以重污染企业的超标排放为对象，从外部进行的监督，在执法力度及执法手段上还与社会现实需求存在有很大的差距。另外，有关环境会计信息披露的指导性文件还没有形成，针对环境会计信息的信息披露制度体系还没有正式完整地建立起来。目前，《企业会计准则（2006）》在我国企业中得到了广泛的应用，该准则将有关环境的内容融入进来，但是，其对于企业对环境成本及业绩进行确认、计量与报告的具体途径与方式方法并没有进行明确的规定，因此，在可操作性和可比性上存在一定的缺陷。另外，我国的会计准则对于环境信息披露也没有具体的要求，这导致了会计对于环境信息披露的协调功能不能够发挥出来，而环境事项本身又十分的复杂，借用货币很难实现对其的计量和反映，而且现有的会计准则对事项的确认和计量标准也是不允许的，这样，会计信息系统就很难对环境信息进行反映和监督。实践证明，规模较大的上市公司在环境信息披露上具有主动意愿，因此，它们还是比较希望会计准则和会计制度不断得到完善、环境会计信息披露逐渐规范化以及环境信息披露具有法律依据的；企业的环境会计要素的确认和计量得到具体的规范，指导企业进行环境会计核算；修改会计法，使其包含环境会计核算和监督等内容，使环境会计的地位在法律上得到明确。

二、开展环境审计，强化政府监管和社会监督

（一）开展环境审计，促进环境会计信息披露规范的实施

对于信息使用者而言，企业所披露的环境信息与其所披露的财务会计信息一样，其真实性是不确定的，为了确保信息使用者所得到的信息是真实、有效、可靠的，有必要从第三方对企业对外披露的环境信息进行审计，也就是对其进行环境审计。我国的环境审计才刚刚开始，审计部门不仅要确保传统审计业务的顺利完成，更要根据环境保护的需要，进行相对独立的环境审计系统的建立工作。

在建立环境审计体系时，要将国家环境审计作为主导，使社会审计成为中坚力量，并且从企业内部审计得到重要的保障。国家审计的主要任务是对环境进行直接审计，并按照法律要求来指导、管理与监督社会审计（即

第三方审计）和内部审计的工作；另外，对政府环境政策的制定与执行绩效、环境管理机构的工作绩效以及环境保护资金等进行监督、评价与审查，也是国家审计的一项重要任务。

在我国社会主义市场经济中，为使不同集团与阶层的利益得到保障，一个重要的手段就是社会环境审计，也可以说成注册会计师审计，其提供的服务主要包括有环境报告审计与环境问题咨询等。环境审计在环境、社会与经济中发挥着重要的协调作用，为达到三者协调发展的目的，加强环境责任管理成为了关键的一环。环境责任的承担者由政府和企业共同构成，但监督评价其履行情况的则是独立于二者之外的第三方。由于注册会计师的环境审计意见的公信度是非常高的，因此，政府和企业将会受到由此而来的巨大压力。

现代审计必然会向着将自律作为出发点的内部环境审计方向发展，其是以企业内部审计人员对环境管理体系进行监督为主要内容，并以对企业的环境风险和环境政策进行评估及对企业环保资金的有效性进行审查为主要职责的。作为防止与确认环境问题的前置性工具，内部环境审计对于企业潜在的环境风险具有高度的警觉，以服务于企业管理的长、短期决策，从而使环境问题得到及时消除或减少。

（二）加强政府监管和社会监督

为了维护其自身的利益，企业很少会对其社会责任在生产经营活动中的履行情况进行全面真实的披露。所以，对政府监管与社会公众监管进行加强就变得十分必要了，对此我们可以具体从行政管理、环境团体以及广大媒体的监督入手。就中国证监会、国家环保局和财政部来说，要相互协作对企业进行定期审核及不定期的抽查，并对属于重污染行业的企业与公司等的环保政策的执行情况和成果进行评价，同时还要审核企业的环境会计信息披露是否合法、全面与及时，严厉惩罚那些没有遵守相关规定的企业。另外，要充分利用社会监督的作用，进一步扩大宣传，并为环境保护提供通畅的投诉举报渠道，奖励相关的举报行为。

政府可以从三个方面来实现对企业环境信息披露的监管，具体为：首先，企业应对哪些污染物的指标数据进行披露，要有明确的规定；其次，建立一套完整的环境审核制度；最后，将重污染行业和企业的名单确定下来并予以公布，对其环境会计信息披露提出重点要求，并且建立一个全国性的企业环境报告数据库，从而使企业的环境会计信息更加透明。

需要格外注意的是，在财政部2006年颁布的《企业会计准则第4号一固定资产》及《企业会计准则第27号——石油天然气开采》等中，对资产弃置和土地污染修复等进行了明确的规定；而国家环保总局2007年发布的《环境信息公开办法（试行）》则明确规定了环境会计信息的披露等。由此可以发现，我国政府管理部门是十分重视环境会计信息披露等问题的。

三、完善环境会计信息披露体系建设

在环境会计信息披露准则与制度的制定上，财政部、环保局及资源部要与证券监督委员会密切结合起来，共同努力。财政部主要负责基本准则和操作指南的制定工作，环保局和资源部则负责对主要污染物的排放指标与环境质量指标进行规定，证券监督委员会的主要任务是对环境会计信息披露的格式标准进行发布，而对于会计协会等社会团体而言，主要的任务就是进行最新、最前沿的理论研究，这样，在多方的共同努力下，一起将我国的企业环境会计信息披露体系建设推进向前。

（一）完善环境会计信息披露理论

理论的发展可以对实务起到指导作用，反过来，实务的进步对于理论的完善也具有推进作用。所以，在我国环境会计信息披露的发展过程中，我们要将理论的指导作用作为重点进行强调，充分发挥其对环境会计信息披露实务发展的推动作用；另外，也要进一步加强对实务中遇到的问题的研究，从而使环境会计信息披露的理论体系得到不断的完善。为了使我国的环境会计信息披露理论得到不断发展与完善，要进一步加强与国际会计职业界的交流，并积极借鉴国外最新的研究成果，将西方学者的科学的研究方法引进过来，从而使实证研究不断加强。

下面五个方面是环境会计信息披露理论的主要内容的具体体现：

1. 与环境信息披露有关的行为主体

环境信息的提供者与使用者以及鉴定者是与环境信息披露有关的三个行为主体。企业在向外界提供环境信息时，需要做到四个方面的要求，即要保证所提供的环境信息是环境信息使用者需要的、环境信息提供者能提供的、会计能够计量和反映的、评价者有评价依据的环境信息。

2. 环境信息的披露机制和模式

披露机制包含有两大类，分别是自愿性披露和强制性披露。在我国，环境信息的披露以强制性披露为主，这是因为我国企业的环境意识还比较薄弱，环境会计才刚刚开始，还没有得到正式实施，而披露的成本又太高，企业处于对自身利益的考虑，基本上都不具备成熟的自愿披露机制。披露模式可以划分为三种类型，即环境报告书模式、补充报告模式以及独立环境会计报告模式，在我国，双轨制是目前运用的比较广泛的一种形式，所谓的双轨制，也就是在一般非上市企业，补充报告模式成为主要的披露模式，而独立环境会计报告模式则成为上市企业主要采用的披露模式。

3. 环境活动和环境信息披露内容

根据环境活动的定义，与环境有关的经济活动、矿产开发与保护使用的经济活动、能源保护和利用方面的经济活动、产品质量保护活动、人力资源保护活动、与环境有关的公益性活动等都可以称为环境活动。在环境会计信息披露的具体化操作中，要将环境会计信息披露的内容作为规范的核心，并且要对各类信息使用者的需求进行全面的考虑。同时，环境活动的财务影响及环境绩效要成为企业环境会计信息披露内容的重点。环境活动主要产生两个方面的财务影响信息，具体为：一方面，对于财务状况的影响，主要体现在对各种资产价值的影响以及由此导致的现实的或潜在的负债；另一方面，对经营成果的影响，主要体现在环境支出和环境收益两个方面。而对于企业的环境绩效，可以从环境法规的执行情况、环境质量情况、环境治理和污染物利用情况等方面来进行考察。

4. 环境信息披露方式和方法

环境信息披露方式可以划分为两大类，即财务性披露和非财务性披露。而披露方法也有两种，分别是在财务报告的框架内披露和在管理当局声明书中披露。

5. 环境会计信息的审计

也就是我们通常所说的环境审计。

（二）拓宽环境信息的披露渠道

企业在进行环境信息披露时，可以通过传统的披露渠道，包括招股说明书、年度报告、临时报告等。在科学技术快速发展的情况下，传统的信息披露渠道越来越表现出其所具有的局限性，不能使信息使用者的需求得到及时、便捷、高效的满足。这就要求我们在加强传统信息披露渠道建设的同时，更要积极引进先进的互联网技术。这是因为随着互联网技术及相关技术与产品的成熟与普及，其不仅可以扩大信息公开与传播的范围，而且还具有及时性，可以降低信息披露的成本，在信息披露方面的作用越来越重要。

（三）明确环境会计信息披露的主体

根据我国的实际情况，并且在借鉴了国外环境信息披露的经验的情况下，我国应将上市公司作为环境会计信息披露的主体。这是因为上市公司具备进行环境会计信息披露的意愿、能力及条件，具体体现为：上市公司具有相对来说较健全的会计核算体系，拥有较高素质的管理和会计人员；受融资目的的促使，上市公司也比较愿意树立良好的公司形象；政府针对上市公司制定了相对健全的法律法规，对其进行较为严格的监管。

四、加强环保宣传，提高企业和社会公众的环保意识

要进行有效的环境保护，不能只依靠政府的力量，环境问题的解决必须依赖整个社会的环保意识的不断增强。只要社会上普遍形成了一种环境危机和环保的理念，环保已经得到了包括投资者、金融机构、企业职工以及社会公众等的全面关注，企业环境信息披露已经成为了社会共同的需求，那么，环境问题很快也就可以得到解决了。在这方面，宣传发挥着巨大的作用，通过加强环保宣传，可以提高全民的环境保护知识和素质，帮助其普遍形成一种环保意识，并致力于行动，这可以对经济的可持续发展起到巨大的推动作用。

五、加强环境会计专业人才的培养

环境会计中包含有多种学科知识，如会计学、环境经济学和环境保护学等，因此需要会计人员具有较高的专业素质。为了提高会计人员的专业素养，需要做到三个方面：第一，对其进行进一步的环境会计理论与实务的专门培训教育，使其业务能力不断增强，并对其进行持续的后续教育，使其知识结构得到不断更新，从而使其有能力承担起环境信息披露的工作；第二，将环境会计纳入会计学科领域中，开设环境会计专业课程，加强环境会计专业人才的培养；第三，对会计人员的思想教育要高度重视，使其

职业道德得到规范，并帮助其认识到环境保护的重要性。

总之，由于我国企业环境会计信息披露还正处于初始阶段，环境会计信息披露机制还很不成熟，而国外的环境会计信息披露已经积累的丰富的研究与实践经验，并取得了众多的成绩。因此，为了能够早日建立健全企业环境会计信息披露机制，确保我国企业提供的信息是合法、合理、及时、全面的，从而使企业的各利益相关者能够获得丰富的准确的企业相关信息并在此基础上做出正确的财务决策和环境保护决策，我国企业应紧密结合我国的实际情况，并积极借鉴国外相关的先进的实践与研究经验和成果，主动探索完善环境会计信息披露的方法与对策，进而推动我国经济实现全面的可持续发展。

第八章　环境会计评价方法

环境是人类生存的基本保障，环境会计的评价方法关系到环境问题的质量。环境保护的效益也越来越受到各级政府和广大公众的关注。特别是在目前低碳经济背景下，对现代企业的发展带来了新的机遇。这也对环境会计的发展提出了更高的要求。本章以环境保护效益审计为主线，重点介绍了我国环境保护效益评价及审计，我国企业开展环境审计的法治依据，低碳经济的会计评价方法与指标体系构建及其对传统会计评价方法的影响等。

第一节　环境保护效益评价及其审计

目前，世界各国围绕着人口、资源和环境这三大主题纷纷展开了多种多样的研究。在经济学中，环境被视为能够提供维护人类生存的生命支撑系统，可以直接服务于消费者。环境保护是实现可持续发展的重要内容，也是促进可持续发展的基本保障。在各级政府和广大公众的眼中，环境保护效益显得越来越重要。本书围绕着环境保护效益审计展开，着重就我国环境保护资金使用效益的审计内容、评价指标、审计方法及其评价策略进行初步探讨。

一、环境保护效益评价指标体系

众所周知，生态环境变化已经对经济和社会的发展造成了十分重大的影响。由于现有的许多企业经营、经济等活动，未能很好地利用再生资源，而消耗了大量自然资源，给环境带来了严重的污染。这些人为破坏生态环境的损失和治理污染的费用（破坏环境的成本），形成了一笔笔环境负债，现在还无法对此进行精确的计算。因此，我们应建立环境会计核算体系，在计量单位为以货币方式的情况下对生态环境变化的影响进行反映，考查自然资源消耗的多少、环境保护成本的高低和资产的增减变化，使经济效益与社会效益、环境效益之间更加均衡，达到经济、社会和环境的协调发展；完善工程建设项目环境评估体系。

为贯彻落实《国务院关于加快发展循环经济的若干意见》，国家环保主管部门从目标层、准确层、要素层和指标层这四个层次建立了《循环经济城市评价指标体系》，共33个指标。同年，国家发展和改革委员会、国家环境保护总局、国家统计局也联合发布了《循环经济评价指标体系》。在此，我们在上述指标体系的基础之上，从环保资金投入、使用和效益，环保业务管理效益，循环和利用再生资源、减少资源的损失浪费、为子孙后代留下生存空间，以及环境的改善和效益等方面考虑，使环境保护效益评价指标体系得到逐步建立与完善。

环境保护效益评价体系应以环境、城市建设等问题为主线，开展对企业污染治理资金和城市维护建设资金等使用情况的绩效评估，对专项工程支出比例、经费核定方法以及资金使用上存在的一些问题进行揭示，并提出审计建议。重点关注投入资金的使用效益，评价地区环境质量的改善、污染治理取得的成效，提高环境综合决策的速度和质量，解决重大的环境问题，加快环境基础设施建设，强化环境管理的监督和社会评议等。其具有以下几种类型的具体指标：

（一）环境保护项目资金投入的使用效益指标

这类指标主要用于评价一个城市或地区大气环境、海洋环境、生态环境、水环境、声环境等质量的改善程度，社会效益和生态效益是其关注的重点。

（二）环境保护的能力建设指标

在对环保资金分配、使用过程中是否存在随意性、透明度差、地方分配套资金不到位等问题进行评价时，主要运用的就是这类指标；另外，评价一个城市或地区环境建设资金落实、排污工程进度和生态环境建设项目的效果等时，所使用的主要指标也是这类指标。

（三）环境保护管理的监督指标

这类指标所运用的范围有以下三个主要方面：

（1）评价一个城市或地区是否建立环境安全的应急机制或应急运行系统。

（2）审查投资项目是否有碍公共利益，是否破坏环境的合理规划。

（3）评价一个城市或地区是否进行严格有效的环保执法，重大环境事故是否及时处理、按规定收缴排污费等。

（四）社会效益综合评议指标

这类指标以问卷调查作为工具，可以了解社会公众对环境保护的关注度，其评价的内容主要包括一个城市或地区环境质量以及当地群众对环境保护工作满意程度等。

二、环境保护效益评价方法和审计技术

环境效益评价方法既与一般的财务收支审计相区别，也和一般的业务目标考核不同。环保效益评价原则要贯彻环境保护的基本国策，落实科学发展观，树立全面性的观念，从微观入手，宏观着眼，应用各种定性、定量分析的方法，利用现代审计技术（如计算机辅助审计），对一个城市或地区的环境保护效益进行审查（包括大气环境、海洋环境、生态环境、水环境、声环境等），进行环境效益与环境影响的比较，评价其总体效益（包括社会效益和环保项目资金的投资效益）。

在对环境效益进行评价时要做到三个结合，分别是：定性和定量分析相结合，预算执行审计与项目效益审计相结合，部门、单位财务收支审计与社会调查相结合。审计评价不再是模糊空泛的，而是向着有量化标准转变，运用“因素量化管理法”，通过对与环保项目相关的一些非计量因素的量化，并按其影响和重要程度进行排列并与有关环评行业标准进行比较，得出定性与定量相结合的综合评价结论。这些评价结论有

以下四个方面：

（1）环保项目立项决策的效果评价结论。

（2）环保项目的经济性和有效性评价结论。

（3）环保项目技术方案的效果评价结论。

（4）环保项目社会影响的效果评价结论。

运用“对比分析法”，把不同时期的相同内容、相关数字进行对比分析。如通过比较不同年份城市大气环境质量达标的天数，可以知道大气污染天数的减少情况，评价城市大气环境改善的情况等。

三、环境保护效益审计评价关键策略

（一）特别关注经济发展与环境保护之间的关系

经济效益和环境效益是一对矛盾的统一体，在进行环境保护效益审计评价时要同时考虑到这两者。以牺牲环境为代价取得的经济效益只会导致后续经济发展的萎缩，而一味考虑环境效益又不利于经济的平稳发展。环境保护效益审计的根本目的在于经济效益和环境效益的双重获得，并使经济效益和环境效益保持在一个合理平衡点上。

（二）正确处理好长期效益与短期效益的关系

近年来，我国经济迅猛发展与环境污染严重并存的矛盾态势表现得非常明显，特别是中西部地区，这种状况在一定时期还将继续存在，这是在中国目前的国情下无法避免的。鉴于此，在环境保护效益审计时，要正确处理经济发展的长期效益和短期效益关系，审计评价在对当前环保效益进行考虑的同时，更要注重长远环保效益；既要对已显现的效益进行评价，又不能忽视对潜在的将来效益的合理估计。通过审计首先达到促进被审计单位在现有的环境经济政策的引导下，使环境退化与贫困问题等得到有效的解决。

（三）定性指标描述评价与定量指标评价的有机结合

环境保护活动既是一项经济活动，又是一项管理活动，更是一项技术性活动。它的效益的表现形式并不是单一的，而是多方面的，既有价值的、货币性的指标形式，也有非价值的、非货币性的技术经济性的指标；既有表现为微观层面的企业效益指标，同时，宏观层面的区域和国家指标也是其具体的表现。所以，审计评价结论应考虑上述特性，在对环境保护的经济活动、管理活动和技术活动带来的效益进行评价时，应以多种方式、从多个角度进行综合分析，在进行定性指标描述评价的同时还要进行定量指标评价，以定量指标评价着手，以定性指标描述评价为主要方式。

四、环境保护效益审计的主要内容

环境保护效益审计，它以促进生态环境和可持续发展战略的实施为目标，以生态环境建设和环境污染治理作为出发点，监督环境资金投资使用效益，捕捉环境问题影响社会效益的现象，揭示决策失误、损失浪费和社会效益等突出问题，对环境保护管理和经济活动进行审查，并广泛收集和综合利用环境保护业务资料和财务数据，评价环境保护效益，促进资源节约，提高资金使用效益，进而服务于国家和地方政府宏观决策。

目前，我国的环境效益审计的重点应是环境保护效益和环境政策评价。环境保护效益是指环境保护资金投入与治理效果的比较，它的主要内容包括社会效果、生态效果、经济效果和管理效果等。环境政策评价是评价环境保护主体在环境政策的建立、健全和执行的效果方面进行的评审。从上述两方面所涉及的内容来看，环境效益审计应主要应包括以下几个方面：

1. 审查环境保护项目投入资金的效益。主要看项目投资是否符合国家环保规划，项目建设是否对防治环境污染有帮助。如建污水处理厂、垃圾处理站能否达到设计功能，设备是否正常运行，发挥应有的效益等。

2. 通过审计调查，评价基建工程建设项目环境管理和环境保护项目效益。其依据的主要标准有：看环境政策是否落实到位，基建工程项目建设环境（场地、地下水、污水处理、固体废物、放射源等）保护管理是否达到相关行业标准的要求，对于生态环境的改善是否具有促进作用。

3. 从可持续发展和控制人口增长的实际，对环境保护工作的社会效益进行评价。主要看生态环境改善、资源利用与人口的增长是否相适应。

五、环境保护效益审计与环境保护

环境问题是在经济社会发展中产生的，要使环境问题得到解决，还必须依靠经济的发展。我国“十五”期间对于环境保护工作做了重点强调，坚持在发展中解决环境问题，环境保护取得明显成效，环境法制、宣传教育不断加强，重点地区的环境治理在特定阶段内效果显著，三河（淮河、海河、辽河）、三湖（太湖、巢湖、滇池）的项目建成并投入运行，环境状况有所改善，涌现出47个环境与经济协调发展的环保模范城市或地区。但是，需要注意的是，我国环境污染依然严重，生态环境仍然呈现出恶化的趋势。污染排放和资源开发大大超过环境承受能力，其中，最突出、最迫切的环境安全问题就是水污染问题；环境污染严重制约了经济发展，经济快速增长造成了严重的环境损失；环境问题对人类健康造成了危害，影响着社会的稳定。其主要原因在于：对于环境保护与发展的关系处理不当，环境保护资金长期欠账，投入不足，效益不高，污染治理缓慢，环境监理监测手段落后，不符合经济发展的要求。从社会经济的科学发展来说，重视这些环境问题，保护好和合理利用好环境以造福人类社会，使环境资源的使用效益最终得到提高，保证社会经济的持续发展，理应成为我们的正确选择。

环境保护效益审计也可称为环境业绩审计，它是审计主体在对被审计单位和项目的环境经济活动进行检查之后，依照一定标准，评价资源开发利用、环境保护、生态系统状况和发展潜力的合理性、有效性，并评价其效果和效率的行为。企业环境业绩是企业经营活动中环境保护和治理环境污染而取得的环境保护效率和效果的集中体现，在现代国家审计制度中占据着重要的地位，是实现经济可持续发展的重要保证。随着科学发展观的深入人心和保护生态环境的具体措施逐步实施，国家在“十一五”期间将会不断加大环保资金的投入力度，以真正建立节约型社会和国家。为了达到这一目的，从注重资金使用最终效果上考核科学发展观落实情况及环保资金应用的成效，要求政府审计应尽快地将以财务收支合规性审计转向对环保资金利用的环境保护效益审计，这将会作为一个重要内容纳入到新时期政府审计之中。

第二节 基于低碳经济的会计评价方法及指标体系的构建

一、低碳经济的评价方法及指标构建原则

目前，在国际社会上，关于低碳经济的发展情况的评价模型和评价方法还没有构建出来，发达国家一般用排放的二氧化碳总量的减少作为衡量指标，但对于我国而言，这个指标并不一定适合，其原因主要有以下两点：第一，发达国家的产业结构已经调整完毕，把高能耗产业向发展中国家转移，本国专注于发展低碳经济产业，而发展中国家则要背负碳减排的包袱；第二，与发达国家相比，发展中国家的生活水平还比较低，一味地追求碳减排，势必会影响经济的发展，这不符合于促进社会发展、人民生活水平提高的前提。

低碳发展的目标是减缓气候变化，关键是减少温室气体的排放，但由于各个国家、地区都有自己独特的经济发展特点与资源条件，因此适合我国企业的低碳经济评价方法应该是相对的方法，低碳经济评价指标应该包含绝对指标和相对指标。

我们对英国、德国和日本等国家评价低碳经济的指标进行了综合研究与总结，具体见表 8-1，这些指标对我国企业的低碳经济会计评价指标体系的建立有一定的参考意义。

上述指标对低碳经济的会计评价方法有指导作用，在我国的低碳经济会计评价体系中，我们应该考虑的是将财务指标与非财务指标结合起来，借鉴发达国家案例，构建适合我国的低碳经济会计评价指标体系。

表 8-1 低碳发展评价指标体系及部分标准值

	一级指标	二级指标	目标值
		产业构成情况 第三产业产值与 GDP 比值 GDP 构成	无 70% 无

续 表

	一级指标	二级指标	目标值
低碳发展评价指标体系	低碳能源结构指标	可再生能源比重 可再生能源发电量 清洁能源比重	相对指标 相对指标 相对指标
	低碳生产和消费指标	单位 GDP 碳排放量 二氧化碳排放弹性系数 火电供电能耗 水泥综合能耗 吨钢可比能耗 单位工业产值能耗 工业固体综合利用率	相对指标 小于 0 发达国家水平 发达国家水平 发达国家水平 发达国家水平 100%
	低碳城市发展指标	人均 GDP 第三产业从业比重 人均住房面积 人均道路面积 失业率 恩格尔系数 基尼系数 绿化覆盖率 公共交通出行率	6000 ~ 10000 美元 发达国家水平 16 平方米 28 平方米 小于 1.2% 0.5 以下 0.3~0.4 45% 相对指标
	低碳技术发展指标	高新技术产值与总产值比 能源审计开展情况 环保投资占 GDP 比重	相对指标 无 2.5%

二、指标体系与评价模型的构建

根据低碳经济的概念和特点，对低碳经济的会计评价体系进行构建时，在环境绩效概念的基础之上，我们提出低碳绩效的概念，即一个组织基于低碳经济的方针、目标和指标，进行节能减排并控制其碳排放量所取得的可测量的或相对的低碳管理成效。

企业低碳绩效具有以下特点：

1. 无形性

为了正确评价企业的低碳绩效，在衡量时就必须具备一定的指标，对于企业很多经营活动的碳减排信息的计量都不能通过货币来实现，低碳绩效具有一定的无形性。另外，企业的环境支出与收益往往不能直观地体现在生产或者销售等环节，无法直接表达，也不能直接界定产生的低碳绩效。

2. 长期性

企业对环境的破坏或补偿只有在产生一定的作用的情况下，才会产生低碳绩效，这个作用需要很长的时间，低碳绩效的体现时间也会相对较长，甚至在企业的整个存续期间会一直持续下去，因此，企业低碳绩效也就具有了长期性特征，如企业对节能设备的投资、治理环境的效益、企业低碳管理层目标的实现程度等。

企业低碳绩效评价：对企业原有绩效评价体系的补充，是在企业绩效评价体系中加入低碳因素，将原本不能用货币计量的属性采用相对指标的形式予以计量，建立一个科学可行的低碳经济会计评价体系，建立一个企业的经济增长和环境保护共同发展的生产模式。

在低碳经济的会计评价体系中，包含有两个部分，分别是低碳绩效和低碳会计信息质量，具体见图 8–1。

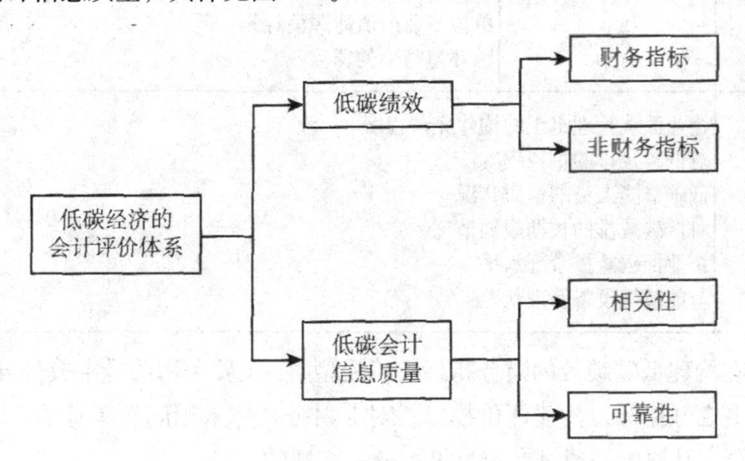

图 8–1 低碳经济的会计评价体系

（一）低碳绩效评价模型

根据低碳经济的特点和要求，在对我国铜冶炼企业的实际情况进行考察之后，借鉴国外用以评价低碳经济的方法和指标，对我国铜冶炼企业的行业特征进行了综合分析，得出了用以评价低碳绩效的财务指标及非财务指标，具体见表 8–2。

表 8-2 低碳经济的会计评价指标

	指标	
	正指标	负指标
财务指标	正指标	节能减排设备数 节能减排设备运行成本 废水排放达标率 主要有色金属(铜)矿产资源产出率 工业固体废物再利用率 矿产资源总回收率 低碳材料与设备利用率 二氧化碳烟气利用率 “三废”综合利用产值
	负指标	单位工业产值工业废水排放量 单位工业产值工业废气排放量 单位工业产值固体废物产生量 单位工业产值工业用水量 单位工业产值能源消耗量 因环境污染的罚款
非财务指标	企业低碳管理组织的构建完善程度 对低碳减排的重视程度 低碳节能人员的素质状况 对低碳减排的长期规划情况 企业低碳减排管理水平 节能减排设备管理状况	

在构建低碳绩效的财务指标评价模型时，主要采用的是主成分分析法，提取主成分指标，构建评价模型；对非财务指标采用问卷调查法，设计调查问卷，其评价是通过专家意见打分法实现的。

各个财务指标的内涵解释如下：

1. 节能减排设备数

所谓节能减排设备数，其实就是指企业用于发展低碳经济，用来防治环境污染、降低二氧化碳排放量和综合利用并处理废气、废水的实有设施数。从一个企业所拥有的节能减排设备数，可以看出其对低碳投入的基本力度。

2. 节能减排设备运行成本

该指标是指企业对多拥有的节能减排设备的日常运行所支出的费用。对节能减排设备的维护保养能源消耗、节能减排设备的折旧、专业人员工资、管理费及其他与设施运行相关的费用等，都是节能减排设备运行成本中应该包含的。从节能减排设备的运行成本中，我们可以看出企业对节能减排设施的投资力度，该项指标数额越大，说明企业对低碳减排执行力度越大，对环境的治理越规范。

3. 废水排放达标率

工业废水排放达标率可以用公式表示为：

$$工业废水排放达标率=\frac{工业废水达标排放量}{总废水排放量}\times 100\%$$

工业废水排放量是否达标主要是看其排放的废水各项指标是否与国家或地方的排放标准相符合。该指标越大，表示企业对废水治理效果越好，对环境的污染越小。

4. 主要有色金属（铜）矿产资源产出率

主要有色金属（铜）矿产资源产出率可以用公式表示为：

$$主要有色金属（铜）矿产资源产出率=\frac{铜矿产资源消耗量}{国内生产总值}\times 100\%$$

以铜冶炼企业为例，对主要有色金属矿产资源产出率（采掘铜的产出率）指标进行了描述，该项指标越大，说明铜的产出、利用的经济效益越好。

5. 工业固体废物再利用率

工业固体废物再利用率计算公式如下：

$$工业固体废物再利用率=\frac{工业固体废物再加工利用量}{工业固体废物生产量}\times 100\%$$

工业固体废物再加工利用是指将工业固体提取有利资源或者其他可以利用的形态，进行再加工利用的主要手段包括有回收、再加工、循环使用、买卖交换等，如将工业废物作为肥料绿化环境，将剩余废弃物铺路等。

6. 矿产资源总回收率

该项指标是指某种有色金属（例如铜）的全部生产过程，具体说来就是，从矿上的开采开始，经过采矿、洗矿、选矿、加工精炼等工艺，产出的该有色金属的全部产量在最初的矿产资源总量中所占的比率。该指标越大，说明有色金属冶炼过程中的浪费越少。用公式表示为：

$$矿产资源总回收率 = \frac{精炼矿产产出量}{原矿总量} \times 100\%$$

7. 低碳材料与设备利用率

低碳材料与节能减排设备利用率是指投入使用并产生正效益的低碳材料与节能减排设备与企业所拥有的全部低碳材料和设备的比。该指标越大，企业就拥有越好的低碳材料设备利用效益。

8. 工业二氧化碳烟气利用率

在有色金属的冶炼过程中，可以对炉窑产生的二氧化碳进行再利用，这种被利用的二氧化碳占炉窑冶炼产生的二氧化碳总量就是二氧化碳烟气利用率。

9. “三废”综合利用产值

工业生产过程中产生的废水、废气和废渣就是我们通常所说的“三废”。用工业“三废”作为主要原材料生产其他可以利用的产品产值，就是“三废”综合利用产值。另外，作为企业自用的产品产值应该予以扣除，在“三废”综合利用产值中是不包括该项内容的。

10. 单位工业产值工业废水排放量

该指标用公式表示为：

$$单位工业产值工业废水排放量 = \frac{工业废水总排放量}{总产值} \times 100\%$$

所谓工业废水排放总量，是指企业的所有生产加工点排放到企业外部的工业废水总量，例如，生产过程中产生的废水、直接向外部排放的冷却水、超过环保标准排放的地下水、矿井水以及各种生活污水。当然，间接向外排放的经过处理再利用的废水是不包括在内的。

11. 单位工业产值工业废气排放量

该指标的计算公式是：

$$单位工业产值工业废气排放量 = \frac{工业废气总排放量}{总产值} \times 100\%$$

所谓工业废气排放总量，是指企业所有生产加工点，在生产过程中燃烧燃料等产生的含有污染物的气体，在没有对其进行处理再利用的情况下直接排放到企业外部的废气总量。单位工业产值废气排放量越小，说明企业每创造一个工业产值所造成的环境污染就越小。

12. 单位工业产值固体废物产生量

该指标用公式表示为：

$$单位工业产值固体废物产生量=\frac{固体废物总量}{总产值}\times 100\%$$

工业固体废物产生量，简单来说，就是企业全部的生产加工产区，在生产过程中产生的固体废物总量，包括固体状、半固体状和高浓度液体状的废弃物。举例来说，冶炼炉产生的废渣、矿石开采后残留的尾矿、含放射物物质的不可再利用的危险废物、炉窑的炉渣和其他废物等，就都是工业固体废物。

13. 单位工业产值工业用水量

该指标用公式表示为：

$$单位工业产值用水量=\frac{生产用水总量}{总产值}\times 100\%$$

企业的工业用水量有两部分构成，它们分别是企业在生产过程中第一次用水和再次用水，第一次用水指使用新鲜水，第二次用水指二次利用废水。透过该项指标，我们可以对企业生产单位产值所消耗的水资源的用量进行观察。

14. 单位工业产值能源消耗量

该指标用公式表示为：

$$单位工业产值能源消耗量=\frac{能源消耗总量}{总产值}\times 100\%$$

企业的能源消耗总量是指对能源性材料的总消耗量，对燃料煤、原料煤和燃料油等高碳资源的消耗量是其主要的构成部分，包括企业所有厂区内生产、生活使用的所有高碳能源的消耗量。对于会计核算来讲，该项指标意义重大。企业对高碳能源的消耗量越少，说明对环境的破坏越小，低碳减排工作执行得越好。

15. 因环境污染的罚款

是指企业由于没有遵守相关的环境保护规定或造成环境污染而被执法机关罚没的总钱款。

对以上财务指标，通过对数据的收集及计算，通过主成分分析法来建立模型，主成分分析法是在完成对各个变量之间相关关系的研究之后，为了排除各个变量之间的共线性，减少变量的数量，用几个数量较少的新的变量来表示原有的所有变量，使这些新变量能够完整地代替原有变量，并使原有变量所反映出的原始数据得到最大程度的保留，并用新的变量代替原有变量来表达因变量与自变量之间的关系。为了实现对企业低碳绩效的评价，对以上财务指标应用主成分分析法剔除数据间的共线性，并对各指标的贡献率进行计算，构建指标间的计算模型。

（二）低碳会计信息质量评价模型

目前，会计信息质量有以下八点被广泛接受的特征：可靠性、相关性、可理解性、可比性、实质重于形式、重要性、谨慎性和及时性。这里在对低碳经济下会计信息质量评价指标进行初步研究时，主要采用可靠性、相关性这两点最基本也最重要的特征为标准来初步探讨会计信息的质量。

用以评价低碳会计信息质量的指标见表 8-3：

表 8-3 低碳会计信息评价指标

一级指标	二级指标
可靠性	是否披露计量基础 企业社会责任承担情况 环境负债披露情况 环境成本的信息披露完整度 其他需要披露的相关信息
相关性	低碳会计信息披露的及时程度 低碳信息的披露状况 低碳关联方交易的披露情况 信息使用者需求的满意程度

对于低碳经济的会计信息质量评价指标体系，其结构应包含有两层：第一层是可靠性与相关性这两个一级指标；第二层是分设不同的因素指标对一级指标进行具体和详细的描述。

对会计信息质量进行评价时依据的一个主要指标就是可靠性，它要求反映企业要以实际发生的交易或者事项为依据进行确认、计量和报告，不能虚构交易，要按照交易的实际发生事项，对会计要素和会计信息进行如实反映和计量，必须能够保证会计信息真实可靠、内容完整。对之进行分解，可以得出以下一些二级因素指标：

（1）企业社会责任承担情况。是指企业责任报告中披露的承担的社会责任尤其是环境责任的充分程度。

（2）环境成本的信息披露完整度。是指在维持自然资源的基本存量的过程中而消耗的人力、物力和财力。其他需要说明的相关信息，其他与低碳会计信息质量相关的信息，如对有关破坏环境生产的说明、对环境破坏后的修复及赔偿措施等。

（3）对预计负债（与环境成本相关部分）的披露情况，也就是通常所说的环境负债披露情况。如对工业“三废”的治理情况、固体污染物的处理、对环境的修复和还原等方面的内容。

（4）是否对与低碳成本和或有负债相关的确认和计量基础进行披露，是否对企业低碳经济政策和措施进行披露。

会计信息的相关性，反映的主要内容包括：企业提供的会计信息是否与企业管理者、债权人等财务报告使用者的经济决策需要相关；所提供的会计信息对于企业管理者、债权人等财务报告使用者在评价或预测企业过去、现在或者未来的情况时是否有帮助。其可以分解为以下一些二级指标：

（1）低碳会计信息披露的及时程度。主要反映的是对环境成本、环境收益情况的披露是否及时，是否出现延后披露的现象。

（2）信息使用者需求的满意程度。主要是指企业财务报告所反映出来的低碳信息是否能够满足财务报告使用者的需求与要求。

（3）低碳关联方交易的披露情况。企业的盈利能力会受到关联交易的重大影响。无论是否在低碳的要求下，均会使企业会计信息质量受到影响。

（4）低碳信息的披露状况。是指对于企业环境责任、负担的成本和预计负债、政府补偿收益等相关信息的披露完整程度。

在评价低碳会计信息质量时，企业的低碳会计信息是一个相互关联、相互作用的整体，它涉及被评价企业的经营质量、诚实守信程度、执行力等多方面的因素，它的质量的判定并不是十分的确定，因此，可以采用模糊评价模型来进行评价。在模糊评价模型下，原本模糊的各个因素可以实现数量化，通过将低碳会计信息多样化的指标统一为取 1 的指标，通过矩阵的计算，就可以对低碳会计信息质量做出合理的评价。

（1）因素集的建立，将影响被评价项 H 的因素设为 $M=(M_1, M_2, \cdots, M_n)$，这里将其表示为可靠性，相关性。

（2）权重的确定，权重主要是对每一因素的重要程度进行反映的，

设为 $W=(W_1, W_2, \cdots, W_n)$，其中，$0 \leqslant W_n \leqslant 1$，且 $\sum W_n=1$。

（3）评价集的建立，是指评价者对被评价项目可能做出的各种评价结果组成的合集，可以用 $V=(V_1, V_2, \cdots, V_n)$ 来表示，通常情况下，采用会计信息质量的四个等级，则有 V=（非常好，较好，一般，较差）。

$$R=\begin{Bmatrix} r_{11} & r_{12} & r_{1n} \\ r_{21} & r_{22} & r_{2n} \\ \cdots & \cdots & \cdots \\ r_{n1} & r_{n2} & r_{mn} \end{Bmatrix}$$

可以看出，评价矩阵与权重因素的乘积就是所要获取的评价结果，表示为根据计算结果，可以得出结论。

第三节　低碳经济对传统会计评价方法的影响

一、低碳经济的提出对我国企业的影响

提出低碳经济这一理念，起初是以解决能源安全和气候变化问题，并提供新的经济发展思路为目的的，尽管尚无成熟的模式可以用来借鉴如何向低碳经济转型，但是全球生产模式向低碳转型的趋势已是无法逆转的了。

低碳经济理念一经提出，就必然会对企业的传统生产经营模式造成影响，同时，低碳经济有着自身的特征，企业的会计核算也应做出相应的调整，由于低碳经济对碳排放量及环境的要求，传统会计的“成本—费用—效益”核算模式中的各个环节都会发生改变，亟须专门应用于低碳经济的会计核算方法，这样才能够对企业的节能减排履行责任和对环境的破坏及补偿做出合理的确认和报告。在对企业的低碳绩效进行评估时，以企业的碳减排绩效和自然资源利用率作为依据，既能满足国家对企业低碳责任的要求，又可以树立良好的社会形象，提高企业效益，实现帮助企业节能减排的最终目的。

我国学术界对低碳经济的研究蒸蒸日上，很多领域都已经应用了低碳经济。对于会计来说，低碳经济对企业提出了各种新的要求，这在低碳信

息的核算和低碳信息披露等方面的体现最为突出。

（一）在共同发展前提下调整企业核算

企业会计核算将据低碳经济对环境保护和经济增长的共同发展特征调整企业核算的重点。

着眼于低碳经济下的会计核算，企业在考虑自身经济效益的同时，更要着重考虑企业所处环境的污染和治理情况，一定要与国家所公布的环保节能的方针、政策和法律等相关的要求相符合，企业始终要贯彻提高能源利用率、发展清洁能源使用率的思想，及时发现自然环境的污染和治理情况，并对自身经济发展的状况进行及时的控制与调整。低碳经济的会计核算重点与传统会计的区别主要体现在以下四个方面：第一，对低碳资产应予以单独核算，低碳资产仅包括为能源使用和节能减排而购置、筹建的专门设备或场所，以及购买的低碳技术和环保工作相关的原材料。对于低碳资产，对其原值、折旧、减值和账面价值应当进行单独核算，以充分体现企业为低碳经济所作出的努力。第二，企业应该更加关注低碳负债的核算，如为发展低碳经济而发生的各种借款、应付碳税及为恢复环境本来面貌而负担的长期应付款。在对损益进行核算时，要将企业对低碳负债的核算与摊销也包括进来，以便正确核算企业在低碳发展方面付出的各项成本。第三，企业应对低碳收益进行正确纰漏，包括企业因治理环境而收到的政府奖励等。第四，企业应当计算低碳效益，由低碳收益与低碳成本核算出企业在某一特定时间的低碳效益，从而保证企业能够对自身的低碳发展情况做出正确的评估，及时调整战略方针，提高企业效益。

（二）企业会计信息的披露受影响

通常情况下，企业财务报告是传统会计信息披露的主要内容，受环境会计的影响，企业也会披露企业社会责任报告，但是目前，对环境信息披露方面，企业自主性得到了很大提高，我国会计准则并未强制规定企业披露低碳会计信息，因此，在对企业的低碳信息进行查询时并不是一件容易的事情，这就造成了低碳信息披露的不完整，与我国要求的节能减排政策不相适应。在低碳经济下，企业应该加强低碳信息的披露，从而为会计信息使用者更好地评价企业提供便利。本书认为，为了加大低碳信息的披露力度，企业可以采用两种方式：第一，可以将与低碳会计相关的项目增列到传统的会计报表中，例如，在资产负债表中增加“低碳固定资产”“低碳资产折旧和摊销”“环境或有负债”等项目，利润表中增设“低碳收益和成本”“低碳政府补偿”“低碳补偿”等项目；第二，企业也可以将低碳会计报告单独编制出来，也就是说，提供单独的低碳资产负债表、损益表、现金流量表以及低碳社会责任报告等信息。

对于低碳经济而言，经济效益并不是其单一的追求，它更注重在环境保护可持续发展的前提下的经济增长，它对我国企业的生产、销售和服务提出了以下的基本要求：

1. 企业应当提高自身低碳信息披露的力度

对环境的破坏将会以各种形式影响到企业的财务状况，如对资产、负债和所有者权益的影响以及对企业营运资金或现金流动的影响。在我国，对重污染行业的企业在报表中披露的环境信息往往不够理想和全面，这样就给企业轻易逃避社会责任提供了便利。

2. 企业管理者要正确衡量企业利润

按照传统会计核算模式，在企业会计利润中还包含有隐藏费用和成本，如企业对环境破坏的负面影响等。企业由于没有充分重视生产经营活动给周边环境带来的负面影响，使得企业只对其产品的实物生产成本进行关注，而忽略了环境成本的部分，从而使得计算企业经营利润的传统指标失真，企业在生产经营过程中创造的实际利润并不能在计算结果中得到真实的反映，因此，企业应当给予低碳成本更多的关注，并纳入会计核算体系中，合理计算企业会计利润。

由此可见，发展我国的低碳会计评价指标体系，运用合适的会计语言来表达低碳经济，对会计理论研究和现实实践提出了新的挑战和要求，也会在很大程度上促进我国低碳经济的快速发展。

二、传统会计评价方法的弊端

所谓会计评价方法，是指通过各种指标的计算与评定，对一个企业的生产经营状况进行综合表达，并对企业的生产经营等业绩进行可以量化的考核，实现对企业经营绩效的好坏的具体表达。低碳经济的会计评价方法，是指在传统的会计评价方法基础上，更加强调对企业在生产经营过程中低碳责任的考核，换句话说，就是对企业建设低碳经济的发展措施、企业履行节能减排责任、治理被污染的环境力度等进行相应的报告和考核。以企业的碳减排绩效和自然资源利用率为依据来实现对企业低碳绩效的评估。低碳经济具有自身不可替代的特性，这种特性要求在很大程度上影响着企业的生产技术和生产方式，传统的会计核算已经不能准确表达低碳经济的发展需求。在生产技术和生产方式上，传统会计评价方法与指标体系主要存在以下几点局限：

（一）过于专注企业短期利益

传统会计在核算时所提供的信息对于企业自身的经济目的给予了过多的关注，它强调企业自身的眼前利益和微观利益，它的经营目标就是追求利润的最大化和股东利益的最大化，因此，在其核算体系中并不包含环境支出与绩效。而低碳会计的信息不仅要满足企业自身的经济目的，对于长远利益和宏观利益的强调力度更大，这就要求将环境因素纳入会计核算体系。因此，传统会计的结果必定导致企业为了减少支出，而不计后果地牺牲环境和透支未来，造成环境的污染，取得虚增利润。

（二）计量方式的单一性

传统会计的计量和报告都是以货币为单位，然而在低碳经济下，货币对于很多衡量标准都是不适合的，低碳经济的会计信息内容具有多样性，除了有能以货币计量的信息外，还包括不能或难以用货币表示的非财务信息和相对值信息，对于这些非财务和相对值信息的计量很难通过传统会计来实现。另外，传统会计的计量原则是历史成本原则，这种计量原则只能对已经发生的各项低碳支出进行反映，而某一预计在未来期间会对环境造成破坏而需要加以防止和治理的低碳会计信息就难以用历史成本来计量，对于这些无法用历史成本来计量的信息而言，传统会计也是无能为力的。

三、低碳经济对传统会计方法的冲击

低碳经济的提出，使会计核算及会计评价方法都面临着新的挑战，随

着低碳经济的兴起，传统的会计评价方法已经不能满足低碳经济的要求。低碳经济从以下几个方面对传统会计评价方法产生了冲击：

（一）将新的资产纳入会计评价体系中

由于二氧化碳的排放会对全球的气候都造成影响，联合国政府间气候专门委员会决定将碳排放权归属于一种资产，随后而来的将会是各种环境管制机制和碳税的问题。低碳经济定义了新的概念，因此也就需要对会计核算的内容进行更新。

（二）加大了低碳成本收益核算的范围

低碳经济要求企业尽量降低生产过程中的二氧化碳排放量，综合利用工业废弃物，最大限度地提高能源利用率。为了使生产中产生的废弃物得到充分的循环使用，就需要企业投入大量的低碳成本，正确核算废弃物的价值，以及利用废弃物创造的经济增加值。

（三）增加了对会计信息披露的难度

根据低碳经济的发展要求，企业财务报表中并不能体现出企业实行的低碳减排措施，对于环境保护的支出与额外补偿也不能全部采用货币属性来计量。在我国现有制度下，并没有强制规定企业披露低碳信息，对于企业并不能获利的投入，很多企业选择不予披露，在响应碳减排活动上也采取消极的态度。传统会计评价就增加低碳评价力度，设置低碳绩效的评价指标，将低碳绩效的好坏披露出来，进而提高企业节能减排的积极性，并加强披露制度，更多的是披露非财务指标和相对值，使企业能从评价低碳绩效中获益，让企业更愿意披露自身采用低碳措施所进行的投入和收益。

经济学理论中指出，环境是能够维护人类生命的支撑系统。而传统环境会计的核算信息却过于侧重企业自身的经济问题，强调企业的利益，没有把环境支出与绩效纳入其核算体系。而且计量和报告都以货币为单位，在低碳经济下许多衡量标准不能以货币形式表现出来。为此，必须把环境支出与绩效纳入企业核算体系，增加计量方式。

总之，企业环境会计评价是一项严谨的工作内容，注册会计师涉及环境保护领域的环境审计是一种必然趋势，经济的快速发展带来了环境保护要求的不断提高，在这种新形势下，注册会计师环境审计队伍在获取了必须的知识和技能后参与环境审计，特别是企业环境审计，能够有效地提高我国的环境保护力度，扩大环境审计范围，使我国社会审计事业得到更好更快的发展。

参考文献

[1] 郭道杨 . 环境会计问题研究 [M]. 北京：中国财政经济出版社，2020.

[2] 闫丽萍 . 企业环境会计信息披露研究 [M]. 北京：知识产权出版社，2017.

[3] 王茜 . 基于低碳经济视角下的我国企业环境会计发展研究 [M]. 北京：中国农业科学技术出版社有限公司，2020.

[4] 袁广达 . 环境会计与管理路径研究 [M]. 北京：经济科学出版社，2010.

[5] 罗素青 . 环境会计研究 [M]. 上海：上海三联书店，2012.

[6] 靳惠 . 低碳经济背景下对我国企业碳会计信息披露研究 [M]. 北京：经济科学出版社，2013.

[7] 朱帮助 . 环境会计：方法与实证 [M]. 北京：中国金融出版社，2020.

[8] 田翠香 . 企业环境管理中的会计行为研究 [M]. 北京：经济科学出版社，2012.

[9] 蒋广军，吕育立 . 西方环境会计披露纵观及对我国的启示 [M]. 广东审计，2003.

[10] 朱小平 . 会计理论与方法研究 [M]. 北京：中国人民大学出版社，2003.

[11] 池昭梅 . 对环境会计的几点思考 [M]. 广东审计，2000.

[12] 郭志明 . 浅议美国环境审计及我国环境审计制度建设 [M]. 江汉石油学院学报，2002.

[13] 王立彦，蒋洪强 . 环境会计 [M]. 北京：中国环境出版社，2014.